Auszug

aus der

practischen Anleitung

zur Führung

der Landwirthschaftsgeschäfte

für

angehende Landwirthe,

als:

practischer Unterricht

zum

Brandteweinbrennen, Essigmachen und Bierbrauen.

Von

Dr. Friedr. Carl Gustav Gericke,

Oberamtmann und Pachter der Domaine Lüdgeri.

Berlin 1815.

In der Realschulbuchhandlung.

Vorrede.

Mancher Stadtbewohner wünscht das Gewerbe des Brandteweinbrennens oder Bierbrauens zu ergreifen, um sich davon zu ernähren und sehnt sich nach einem Unterricht, wie er die Sache angreifen soll. Die Brandteweinbrenner und Bierbrauer, die als seine Mitbürger in dem nämlichen Orte leben, werden ihm keinen Unterricht ertheilen, weil sie fürchten, daß diese neue Anlage ihnen Schaden bringen werde. Gewöhnlich sucht ein solcher Lernbegieriger einen der Sache kundigen Knecht zu erhalten und bei diesem den ersten Unterricht zu suchen. Dieser Knecht wird es weit lieber sehen, wenn der Herr von diesem Gewerbe nichts versteht, und ihm daher wenig Unterricht ertheilen wird, weil er sodann sein Schäfchen besser scheeren kann. Für einen solchen Mann ist dieser mein Unterricht über Brandteweinbrennen und Bierbrauerei geeignet. Er setzt ihn in den Stand, die ganze Sache genau kennen zu lernen, und er darf sich nur die Handgriffe aneignen, um keines weitern Lehrers zu bedürfen. Damit nun ein solcher Mann diese Belehrung auf eine wohlfeile Weise erhält, und nicht das ganze Werk zu kaufen braucht, hat mein Verleger Hr. Reimer in der Realschulbuchhandlung in Berlin mit meiner Zustimmung diesen Auszug besonders abdrucken lassen.

Der Verfasser.

Von der

Brandtewein-Brennerei

und

Brauerei.

Erstes Hauptstück.

Vom Brandteweinbrennen.

§. 1.

Nöthige Ueberlegungen, welche ein Gutsbesitzer vor Anlegung einer Brennerei oder Brauerei anstellen muß.

Nicht überall lassen sich Brandtewein-Brennereien und Brauereien mit Erfolg und Nutzen anlegen. Bevor sich also ein Gutsbesitzer zu deren Anlegung entschließt, muß er zuvor folgende sehr wichtige Erwägungen anstellen:

1. ob er gutes, zu obigen Zwecken taugliches Wasser in zureichender Menge, zu allen Zeiten, haben könne. Nicht alles Wasser ist zum Brandteweinbrennen und Brauen tauglich, sondern die Qualität des Wassers hat, sowohl auf die Qualität, als Quantität des zu gewinnenden Brandteweins, Biers u. s. w. einen gar großen Einfluß. Je härter das Wasser ist, desto mehr ist es schon mit fremden Theilen ge-

schwängert, folglich desto weniger fähig, das zu Malze zu machende Korn und das geschrotene Malz und Korn aufzuschließen und deren Theile in sich aufzunehmen. Zwar kann man durch Kunst das harte Wasser weich machen, wenn man demselben Pottasche u. dgl. zusetzet, oder, auf eine einfachere Weise, wenn man diejenige Quantität, welche in einem Tage verbraucht werden soll, der Luft und Sonne, in möglichst großer Oberfläche, in Bottichen oder Kübeln, aussetzet und so mehrere Tage lang stehen läßt, denn dadurch zersetzet es sich, die fremden Theile fallen zu Boden und folglich erlangt es mehrere Fähigkeit, wieder andere Theile aufzunehmen; allein im ersten Falle mögte wohl viele Pottasche u. dgl. nöthig und im zweiten Falle dürften viele Kübel erforderlich seyn. Es ist also ein solches Verfahren leichter vorzuschreiben, als auszuführen; denn die vielen Bottiche kosten viel Geld in der Anschaffung und Unterhaltung und erfordern vielen Platz. Dazu kommt noch das Tagelohn für deren Füllung und Leerung und man erreicht dennoch nur im Sommer, Frühlinge und Herbste seinen Zweck, im kalten Winter hingegen nie, weil da das Wasser sich nicht zersetzet, sondern wohl gar ausfriert, die Bottiche zersprengt u. s. w., mithin das weiche Wasser gerade dann fehlt, wann es, besonders bei den Brennereien, mit dem größten Vortheile gebraucht werden kann. Wehe dem Gewerbe, welches mit so vielen Umständen, Gefahren und Kosten betrieben werden soll.

Schon von Natur muß also das Wasser weich seyn, wenn es zur Brennerei und Brauerei tauglich seyn soll, und der Landwirth, der mit diesen Gewerben sich befassen will, muß vor allen Dingen auch den Unterschied des Wassers verstehen und das beste auszuprobiren und auszufinden wissen. Der sicherste Weg hiezu ist freilich die chemische Zerlegung; aber dazu gehören Kenntnisse, die bei den meisten nicht vorausgesetzet werden dürfen. Hier, wo die Materie gemeinfaßlich und in einer populären Sprache vorgetragen werden soll, will ich demnach die einfachen Mittel angeben, wodurch man die Beschaffenheit des Wassers erforschen kann. Es sind diese:

a. das Kochen der Hülsenfrüchte in selbigem. Werden diese darin leicht und schnell gahr und aufgeschlossen, dann ist das Wasser weich und zum Brauen und Brandtewein-brennen tauglich, so wie

b. wenn Seife, welche man darin zerschlägt, oder zerläßt, häufigen Schaum in der Geschwindigkeit giebt. Erfolgt hingegen kein Schaum und schwimmen die Seifeflocken wie geronnene Milch, in dem Wasser herum, so ist das Wasser hart und zu den beregten Zwecken untauglich, wenigstens nicht brauchbar zum Einmaischen, Einmöschen, obwohl es zum Abkühlen der Röhren, Schlangen u. s. w. noch gut seyn kann, besonders wenn es im Sommer sehr kalt ist.

c. Wasser, welches viele Salztheile enthält, ist, nach meinen häufigen Erfahrungen, zur Brandteweinbrennerei ꝛc. durchaus unbrauchbar. Auf dem Domainen-Amte Poppenburg, im Fürstenthume Hildesheim, bestätigt sich die Richtigkeit dieser Erfahrung sehr oft. Man schöpft dort das zur Brennerei nöthige Wasser aus einem Brunnen, in welchen es, aus der daran herfließenden Leine geleitet worden. Sobald nun eine von den vielen in dem dicht benachbarten Berge befindlichen Salzquellen sich mit in diesen Brunnen ergießt, leidet sofort die Brandteweinbrennerei und der Brandtewein verliert an Qualität und Quantität. Man muß also an Ableitung der Salzquellen denken.

Hat man weiches Wasser in hinreichender Menge gefunden, so kommt es noch darauf an, ob es auch das ganze Jahr hindurch in zulänglicher Menge zu haben, ob es nahe, oder entfernt gelegen und ob es, durch einen Röhrengang, nach der Brennerei u. s. w. zu leiten sey.

Will man einen Röhrengang anlegen, so muß man, mit Hülfe eines Kunstverständigen, durch das Nivelliren zu erforschen suchen, ob das Wasser nicht, durch einen laufenden Pfosten, auf die Kühlfässer zu leiten sey. Ist dies zu erwirken, so ist solches weit besser, als wenn man das Wasser durch Pumpen mit Menschenhänden auf die Kühlfässer schaffen muß; weil Menschenhände ermüden und dann die Kühlfässer oft zu heiß werden und eine Menge Brandtewein verdunstet.

Vor Anlegung eines Röhrenganges muß man wohl erwägen, ob solcher nicht gar zu viele Kosten erfordern werde, ob er nicht durch eine Gemeinweide, oder sonst durch fremden Grund und Boden geleitet werden müsse, weil dies nicht selten viele Weitläuftigkeit veranlaßt; endlich ob man auch das Röhrenholz, oder auch thönerne oder steinerne Röhren, leicht und immer werde haben können. Steinerne Röhren sind die besten und dauerhaftesten, aber auch die theuersten, nächstdem folgen die thönernen, welche hie und da schon zu haben sind.

Unter den hölzernen Röhren sind die von Eichholz die dauerhaftesten. Kann man diese nicht haben, so sind die von Erlen- Espen- und Tannen-Holze allen andern vorzuziehen; vorausgesetzet, daß das Holz zur rechten Zeit und nicht in vollem Safte gehauen, gleich gebohrt und in die Erde gelegt worden ist.

Röhren von Thon sind unstreitig dauerhafter und besser; aber nicht jede Ziegelei liefert brauchbare, weil hier viel auf den Thon selbst und auf das Brennen ankommt. Auch haben sie das Nachtheilige, daß sie leicht platzen, wenn der Druck des Wassers sehr stark ist, und daß sie tief in die Erde gelegt werden müssen, um nicht zu zerfrieren; daß folglich jede Reparatur an denselben, des tieferen Aufgrabens wegen, kostbarer wird.

Da, wo das Wasser aus einem Teiche, Bache u. dgl. in die Röhren tritt, muß eine Schlammkiste angebracht werden, damit sich in solcher die Unreinigkeiten zu Boden senken, und nicht etwa die Röhren verunreinigen, oder gar verstopfen. Auch muß die Röhre, welche in den Teich tritt, weiter, wie die übrigen gebohrt seyn, damit das Wasser einen desto stärkeren Druck erhalte.

Ist der Röhrenlauf lang, so muß wenigstens auf jede 200 Schritt Entfernung eine Luftröhre angebracht werden, weil sonst, besonders wenn das Gefälle sehr stark ist, die Röhren, durch den heftigen Druck der mit eindringenden Luft, leicht zerplatzen.

Kann das Wasser, durch einen Röhrengang, nicht zum Steigen gebracht, hingegen die Brennerei an einem Flusse oder Bache angebracht werden, so muß man es durch ein Wasser-Rad, oder Pump-Rad auf das Kühlfaß zu heben suchen; weil dies ununterbrochen fortgeht und viel Arbeits- oder Tagelohn erspart. Die Anlage solch eines Pump-Werks, oder einer sogenannten Wasserkunst, ist freilich etwas kostbar; allein die Zinsen des Anlage-Kapitals und die Unterhaltungskosten betragen doch jährlich nicht so viel, als das, bei Ermangelung eines Pump-Werks, zu bezahlende Tagelohn. Die Abkühlung geschieht ohnehin, bei dem Pump-Werke, gleichförmiger und sicherer.

Die 2te wichtige Erwägung ist die:

„ob er auch fortdaurend eine zureichende Menge
„Brenn-Materials, zu wohlfeilen Preisen,
„erhalten und solches, ohne Nachtheil für den
„Ackerbau, der Wege halber, stets gelegent-
„lich herbeifahren könne.“

Ist das Brenn-Material, sey es nun Holz, Steinkohlen oder Torf, zu hoch im Preise, oder nicht immer in zureichender Menge zu haben, oder zu weit und noch dazu auf schlechten, nicht immer fahrbaren, Wegen herbeizuholen, so ist es mit der Brennerei sehr mißlich, wenigstens wird das Brenn-Material dann die Kosten derselben sehr vermehren, folglich den Profit sehr vermindern. Eine

3te wichtige Erwägung ist die:

„ob die Zufuhr des nöthigen und etwa an-

„zukaufenden Getreides zu allen Zeiten „leicht sey."

Wer eine Brandteweinbrennerei, oder Brauerei nur in einigem Umfange treiben will, muß, der Regel nach, Korn zu kaufen. Jeder, der, als Verkäufer, Korn verfährt, sucht die besten Wege. Wenn nun des Käufers Wohnung so gelegen ist, daß, von allen Seiten her, nur üble Wege, die im Herbste und Winter oft unfahrbar sind, dahin führen, so muß er entweder die Früchte, falls sie ihm geliefert werden, theurer bezahlen, oder, wenn er, um dies zu vermeiden, sie mit eigenen Gespannen herbeiholen will, sein Vieh zu sehr abtreiben. Eine so nachtheilige Lage erschwert auch nothwendig den Absatz des Brandteweins rc. Eine

4te nicht minder wichtige Ueberlegung ist die:

„ob er auf einen guten und sichern Absatz „seines Brandteweins, Biers rc. wahrscheinlich „rechnen könne."

Wer in der Nähe einer Stadt eine Brauerei oder Brennerei anlegen wollte, deren Hauptgewerbe im Brauen und Brandteweinbrennen besteht, der würde gar thöricht handeln; weil es ihm hier sehr schwer, ja unmöglich fallen dürfte, sein Bier, Brandtewein u. s. w. mit Vortheile abzusetzen. Diese Ueberlegung muß billig allen andern vorgehn. Eine

5te Erwägung ist die:

„ob er auch eine Mühle in der Nähe habe.“

Am besten ist es, wenn man eine eigne Mühle bei der Oekonomie hat, weil man dann den Müller besser im Zaume halten kann. Hat man jedoch eine andere Mühle in der Nähe, so ist auch dies hinreichend, nur muß man sich dann, durch die in der Folge anzugebenden Vorsichts-Maaßregeln, gegen die Betrügereien und durch einen vorsichtigen Contract gegen die Neckereien der Müller zu sichern suchen. Am sichersten fährt man bei einer Wassermühle, die hinlänglichen Zufluß hat; weil die Windmühlen, wegen Unsicherheit des Windes, zu unzuverlässig sind.

Wenn nun alle obigen Erfordernisse, um mit Erfolge eine Brauerei oder Brennerei anlegen zu können, so ziemlich da sind, so ist

die 6te und wichtigste Ueberlegung von allen die:

„ob man auch das erforderliche Capital be„sitze, um eine Brauerei oder Brennerei neu „erbauen, mit den erforderlichen Nebenge„bäuden und Geräthschaften versehen, das „erforderliche Korn und resp. Vieh ankaufen, „eine Quantität Bier, oder Brandtewein, in „Vorrath haben und den erforderlichen Credit „geben könne.“

Wer z. B. eine Brandteweinbrennerei von einigem Umfange anlegen, die dabei nöthigen

Gebäude neu bauen, die Geräthschaften neu ankaufen und nun noch den zum Betriebe der Brennerei nöthigen Vieh- und Korn-Ankauf, das Credit halten u. s. w. besorgen muß, der muß wenigstens ein Capital von 10 bis 12,000 Rthl. dazu bestimmen können; wer hingegen das Brandteweinbrennen in einer schon eingerichteten Brennerei betreiben will, muß dazu ein Capital von 7 bis 8000 Rthl. widmen können, sonst wird er gar bald in Verlegenheit kommen.

Nun das Nöthige Practische über die Brandteweinbrennerei und Brauerei selbst.

Erstes Kapitel.

Vom Brandteweinbrennen.

Erster Abschnitt.

Von dem Brennhause und dessen Zubehörungen, so wie von den darin nöthigen Geräthschaften und Vorrichtungen.

§. 2.

Von der zweckmäßigen Anlegung eines Brennhauses, oder einer Brennerei, nebst Zubehörungen, wie auch des Maststalles und der Miste.

Ein Brennhaus oder eine Brennerei nebst den Mastställen wird am besten ganz massiv, oder von Steinen und mit guten feuersichern Gewölben gebauet.

Die Größe desselben richtet sich nach dem Umfange, oder der Ausdehnung, in welcher die Brennerei betrieben werden soll, und diese muß sich wieder nach dem zu erwartenden Absatze des Brandteweins und Mastviehes richten.

Die Verhältnisse, welche bei der Berechnung der Größe zum Grunde gelegt werden müssen, sind ungefähr folgende, nach der vormaligen Art zu brennen, berechnet.

Zwei Blasen, eine Läuter- und eine Weinblase, wovon die eine 70, die andere 50 Eimer, jeden zu 3 Stübchen oder 12 Braunschweigschen Quartieren gerechnet, faßt, können alle 24 Stunden 1 Oxhoft, oder 60 Stübchen Brandtewein, bei 4 maligen Abtreiben, liefern. Hiezu werden täglich 20 bis 22 Braunschweigsche Himten Korn verbraucht, von deren Abfalle 36 Mastochsen, in Zeit von 16 Wochen fett gemacht werden können.

Zu diesen beiden Blasen gehören auch 2 Kühlfässer, mit ihren beiden Gruften, oder Vertiefungen, worin die Läuter-Tonnen oder Vorlagen zu liegen kommen. Ferner 6 Bottiche zum Einmaischen, deren jeder fähig ist, die Maische zu 2 Blasen, mithin 140 Eimer zu fassen und noch mindestens $\frac{2}{3}$ Fuß hoch Platz darüber zum Aufgästen zu behalten.

Jeder Mast-Ochse braucht einen Platz von 10 Fuß Länge und 6 Fuß Breite, mithin 60 □ Fuß Raum. Man bringt sie am besten in 4 Reihen, weil dadurch mehr als einerlei guter Zweck erreicht wird. Ferner ist in einer Brennerei nöthig: eine Kammer, zur Aufbewahrung des Schrotes (welches nicht an der

Luft liegen darf, weil, da durch das Schroten dem Korne die äußere Bedeckung genommen ist, durch die Luft viel kräftige Theile weggenommen werden würden); eine Kammer zum Schlafen für den Brenner und die Knechte; ein Platz vor der Brennerei zum Heizen der Blasen und zur Aufbewahrung einer kleinen Quantität Brenn-Materials; endlich ein Raum, um den nöthigen Häcksel für die Ochsen schneiden zu können.

Giebt man diese Bedürfnisse einem irgend geschickten Baumeister an, so wird er für jedes den nöthigen Platz, mithin den Umfang des Ganzen, schon zu berechnen wissen.

Zu dem Platze, wohin die Brennerei gelegt werden soll, wählt man in der Regel die niedrigste Stelle, weil dahin das meiste Gefälle des Röhrwassers ist. Man muß jedoch dabei zu verhüten suchen, daß sich kein wildes Wasser in die Spülicht- oder Wäsche-Gruft schleiche; weil dies die Mastung um so viel Zeit verlängert, als es jedesmal den Spülicht verdinnt.

Wo Steine genug zu haben sind, da bauet man Brennhaus und Maststall am besten ganz massiv. Wo man aber auf Ersparung der Steine sehen muß, da lege man wenigstens das Brennhaus in einem steinernen feuerfesten Gewölbe an, weil sonst, durch die aufsteigenden Dünste, die Balken und Welleren leicht in Fäulniß gerathen würden, auch die Feuersgefahr zu groß ist.

Um in dem von Fachwerk erbaueten Maststalle das durch die vielen Dämpfe und Dünste veranlaßte schnelle Faulwerden des Holzwerks, insbesondere der Balken, die man nicht überkleiden oder übertünchen darf, indem die Tünche bald abfällt, zu verhüten, macht man dadurch Zugluft, daß man den Raum zwischen dem Setz- und Riegholze, oder, bei steinernen Gebäuden, zwischen den Mauerplatten und dem Riegholze offen läßt.

Da auch das Mastvieh, wegen der vielen flüssigen Nahrung, welche es genießt, eine außerordentliche Menge Urin läßt, in welchem viele Düngungs-Theile enthalten sind, so muß der Boden desselben so gepflastert seyn, daß der Urin nach einer Seite abfließe.

Diesen unbenutzt wegfließen zu lassen, wäre nicht haushälterisch; weil man damit eine beträchtliche Strecke Landes oder Wiesen düngen kann. Man legt also vor dem Maststalle eine Mistgrube nach folgender Vorschrift an.

Die Größe derselben richtet sich nach der Zahl des Mastviehes, nach der Eintheilung der Felder und nach dem öfteren oder seltneren Abfahren des Mistes. Sie muß vertieft und in der Mitte am tiefsten, auch gut gepflastert und an beiden Seiten aufgemauert seyn. Die mitlere Vertiefung muß nach derjenigen Seite der Grube, wo man mit einem Wagen vorfahren kann, abhängig seyn und es muß sich hier gleichsam ein Brunnen bilden, in welchem sich die Jauche sammle. Bringt man in diesem eine Pumpe oder Zucke an, die die Jauche so hoch hebt, daß der obere Ausguß, vermittelst einer Rinne, in ein auf einem Wagen liegendes Faß laufen kann, so kann man mit der größten Bequemlichkeit den Brunnen fast täglich leer pumpen und die schätzbare Ausbeute auf die Aecker oder Wiesen fahren.

§. 3.

Von der zweckmäßigen Einrichtung der Blasen.

Das erste und wichtigste Stück einer Brennerei sind gut eingerichtete Blasen, die man in Läuter- und Weinblasen eintheilt. In den ersten wird die Maische, Meesche oder das hinlänglich vorbereitete Schrot u. s. w. gekocht, daß es seine geistigen Theile von sich giebt. Diese sind noch mit vielen Wasser- und andern Theilen vermischt, und deren Masse heißet Läuter (Lutter). Dieser wird in den Weinblasen von neuem destillirt, oder übergetrieben und heißet dann Wein.

Kupfer ist das gewöhnliche Metall, woraus man die Blasen verfertigt, denn die in Rußland erfundenen hölzernen Blasen, wovon man die Beschreibung, in gedrängter Kürze, in Hermbstädts Bemerkungen zu Düportal's Anleitung zur Kenntniß des gegenwärtigen Zustandes der Brandteweinbrennerei in Frankreich S. 112. u. folg. findet, haben sich zum Betriebe im großen nicht als tauglich bewährt.

Die Größe der Blasen richtet sich nach der Quantität Brandtewein, die man täglich, erzeugen will.

Die ehemaligen Blasen hatten folgende Fehler:

1. sie waren unten convex, oder nach außen hin ausgebogen, oder gewölbt. Der Nachtheil davon ist und war dieser: das Gewicht der Maische und des Wassers ist beträchtlich und drückt hauptsächlich auf den Mittelpunkt. Da nun eine solche Blase nur auf vier einzelnen Punkten von 4 Pfeilern getragen wird, so baucht sich der Boden von diesem Gewichte, bei der Hitze, noch weiter heraus. Ist nun das Kupfer, woraus die Blase gemacht ist, irgend spröde, oder blätterig, so bekommt der Boden oft unmerkliche Risse, oder schadhafte Stellen. Durch diese dringt dann der Rauch des Holzes, oder der Dampf der Steinkohlen, je nachdem man mit dem einen oder andern Brenn-Material heizt, in die Blase und verursacht dem Brandteweine einen übeln Geschmack, der nicht leicht fortzuschaffen ist. Es kostet aber oft Mühe, diese Risse zu entdecken und sie sind ohnehin feuergefährlich.

2. Waren sonst die Blasen, im Verhältniß gegen

ihren Durchmesser, zu hoch. Die Maische kam also darin zu dick über einander zu liegen und ohnehin war der Blasenhals zu enge, der Helm aber ohne Traufrinne und ließ folglich manchen Theil des übergetriebenen Geistes in die Blase zurückfallen.

Die Erhitzung der Blase erforderte lange Zeit und viel Feurung, ehe das Ganze hinlänglich erhitzt wurde.

Der eingeführte und immer erhöhete Blasenzins zwang vor allen andern die Schottländer, darauf zu sinnen, wie sie den Blasen und Helmen eine solche Form geben mögten, daß sie binnen 24 Stunden so oft, als möglich, abgetrieben werden könnten. Daraus gieng nun nach und nach folgende Form der Blasen und Helme, als die beste, hervor.

1. Anstatt den Boden, wie bisher, convex zu machen, macht man ihn concav, oder so, daß er sich nach innen etwa in der Form eines Hohlspiegels vertieft, doch so, daß keine scharfe Ecke herauskommt und wie bei einer gläsernen Bouteille, der Rand mit der inwendigen Höhlung eine Schlangenlinie bildet. Dann senkt er sich nie, wenn er in 4 Punkten, wie gewöhnlich, die Unterstützung, oder Widerlage auf dem Mauerwerke hat.

2. Die Höhe der Blase, oder des Blasen-Randes, verminderte man auch, um dem Feuer

mehr Wirkung auf den Inhalt der Blase zu verschaffen. Man setzte Anfangs in Deutschland die Regel fest: daß die Höhe der Blase sich zu deren Durchmesser, wie 1 zu 2 verhalten müsse und selbst der verdienstvolle und erfahrne Hermbstädt ließ sich hinreißen, diese Regel als untrüglich anzunehmen, worauf denn viele andere traulich nachbeteten.

Es ist aber auch dieser erfahrne Scheidekünstler von seinem Irrthume zurückgekommen und giebt in den oben angeführten Anmerkungen S. 122. u. f. die sehr richtige Regel an:

„daß die Höhe, oder Tiefe, der Blase —
„sie möge nun zu 1 oder 2 Fuß angenommen werden — sich immer gleich bleiben
„und die Länge des Durchmessers blos nach
„dem Verhältnisse sich vermehren müsse,
„je nachdem man eine kleinere oder größere
„Quantität Läuter, oder Wein auf einmal
„machen will.“

Den neuesten Erfahrungen nach findet man die Höhe von 1 Fuß, und etwa einige Zoll darüber, für die beste und läßt dann gleich den Rand der Blase, bis zu dem 2 bis 3 Fuß im Durchmesser, nach Verhältniß der Weite der Blase haltenden Blasenhalse, schräg anlaufen, um der Maische desto mehr Spielraum und dem Geiste oder Spiritus desto mehr Gelegenheit zu verschaffen, in den Helm und von daraus in das Dunstleitungs-Rohr u. s. w. überzugehen und sich in einer kältern Atmosphäre in Tropfen zu verdichten.

3. Den Helm selbst hat man auch zu vervollkommnen gesucht und sich überzeugt, daß der sogenannte Tinkhelm, mit einem oder 2 Ausgüssen, dem Kolben-Helme bei weitem in Rücksicht der Wirkung vorzuziehen und bei weitem minder kostbar sey.

1te Anmerk. Diese, nach den Regeln und Erfahrungen über die Wirkung des Feuers auf ein mit Flüssigkeiten gefülltes Gefäß berechnete Einrichtung der Blasen, setzet den Brenner in Stand, jetzo wenigstens 12 mal in 24 Stunden die Blasen mit weniger Aufwande von Heizungs-Material abzutreiben und ist folglich deshalb schon sehr zu empfehlen. Man muß aber billig erstaunen, wenn man in Hermbstädts, als eines Kunstverständigen, mehrberegten Anmerkungen zu Düportals Werke S. 111. liest: daß die Schotten es, durch besondere Vorrichtungen, so weit gebracht haben, eine Blase in 24 Stunden 480 mal, folglich alle 3 Minuten einmal ab- oder überzutreiben. Mit Recht merkt er jedoch an, daß die Einrichtung dabei viel zu complicirt sey, um allgemein eingeführt zu werden.

2te Anmerk. Die Betrügerei der Kupferschmiede,

welche, bei den vormaligen Helmen, zu der Einlötung des Schnabels in den Helm 50 und mehr Pf. Blei gebrauchten und sich als Kupfer bezahlen ließen, kann bei dem sogenannten Kink- oder Knie-Helme nicht Statt finden, und doch geht dabei der übergetriebene Geist, wenn sonst die Vorrichtung richtig und gut ist, sicherer und schneller in Tropfen über.

§. 4.
Etwas über die vorsichtige Stellung und Einmaurung der Blasen und Wasserkessel, Einrichtung des Heerdes, Heizlochs u. s. w.

Bei der Einmaurung der Blasen und Wasserkessel, Einrichtung des Heerdes u. s. w. muß man sich freilich auf einen erfahrnen Mauermeister — den wohl jeder Vernünftige auszufinden suchen wird — hauptsächlich verlassen. Man thut jedoch wohl, ihn auf folgende Punkte aufmerksam zu machen:

1. daß der Erfolg bei dem Brandteweinbrennen hauptsächlich von einer guten Benutzung und Lenkung des Feuers und der Fähigkeit abhänge, solches schnell vermehren, oder verstärken und vermindern zu können; daß er also die Wölfe, oder Feuerzüge so zu leiten und einzurichten habe, daß der Brenner, durch eingesetzte oder weggenommene Steine, oder besser, durch angebrachte Klappen, den Zug

der Wölfe, nach Belieben, verstärken, oder schwächen könne.

2. Daß der Heerd da, wo mit Steinkohlen gebrannt werden soll, mit einem Roste zu versehen sey, dessen Stäbe, vom Heizloche gerechnet, unter der Pfanne durch, der Länge nach, nicht aber queer laufen; indem der Rost sonst durch den Feuerhaken nicht gehörig offen erhalten werden kann.

3. Daß der Platz zwischen dem Roste und der Blase wenigstens 15 Zoll hoch seyn müsse, damit die in den Steinkohlen enthaltene Säure, welche in der etwa 12 Zoll hoch steigenden blauen Flamme enthalten ist, das Kupfer des Blasenbodens nicht erreichen und ihn vor der Zeit abgängig machen könne.

4. Daß die Roststäbe oben eine Fläche von $2\frac{1}{2}$ Zoll und in der Dicke 3 Zoll, in der unteren Fläche aber einen und $\frac{1}{4}$ Zoll haben müssen, um der Luft einen desto freieren Zugang zu gestatten, ohne sich zu schnell abzunutzen, und daß die Stäbe an den äußersten Enden ihrer Länge, einen Zapfen oder Vorsprung von $\frac{1}{2}$ Zoll haben müssen, um sich nicht zusammenschieben zu können.

5. Daß ein gehöriger Windfang unter dem Roste anzulegen und der Luftzug durch besondere Kanäle von außen her bei der Brennerei mit Steinkohlen zu vermehren sey, um die Kohlen

in die gehörige Glut zu setzen; welches durch das Ofen- und Aschenloch auf keine Weise bewirkt werden kann.

Anmerk. Der Wasserkessel, worin das so häufig in der Brennerei nöthige warme Wasser erlangt und die abzutreibende Maische vorher erwärmt wird, muß höher, als die Blasen und so eingemauert werden, daß die Flamme von den Blasen-Heerden mit zu dessen Erwärmung benutzet werden könne; welches ein irgend gescheuter Mauermeister, durch die Leitung der Wölfe, schon zu bewirken wissen wird.

§. 5.

Von den Kühlfässern und übrigen Kühlapparaten.

Die Erfahrung lehrte bald, daß die Destillation weit besser und schneller von Statten gehe, wenn die übergetriebenen geistigen Dünste durch die Kälte schnell in Tropfen sich verdichteten und so abflössen. Dadurch entstanden nun die Kühlfässer, oder hinlänglich große, wasserdichte, mit kaltem Wasser gefüllte Fässer und die übrigen Kühl-Apparate.

Der Spiritus hebt sich durch die Wirkung des Feuers in Dämpfen empor, und bildet alsdann erst Tropfen, wenn er in eine kältere Atmosphäre kommt. Er steigt also in der Röhre, die freilich nicht lang seyn darf, und mit ihrem untern Ende im Blasenhalse befestigt ist, noch als Dampf in die Höhe, und verdickt sich erst in Tropfen, wenn er in den Theil der Röhre eintritt, welcher nun das Knie bildet und nach dem Kühlfasse zu läuft. Hier ist ihm der Weg gewiesen, weil er von hier an in seinen Bestimmungsort, die Vorlage, geleitet wird. Die Schlange, oder Röhre, die den Brandtewein nach der Vorlage befördert, findet man in dreierlei Gestalten. Die erste und fehlerhafteste ist die Gestalt einer geraden Röhre, welche vom Schnabel des Helmes an durch das Kühlfaß bis auf die Vorlage geht. Die Entfernung ist zu klein, als daß, selbst bei einem immerwährenden Zuflusse von kaltem Wasser, der Brandtewein hinlänglich abgekühlt zur Vorlage kommen könnte; und kommt er warm dahin, so geht eine große Menge Spiritus verloren. Man glaubte dies dadurch zu verbessern, daß man zwei parallel laufende Röhren durch das Kühlfaß führte, und aus denselben den auslaufenden Brandtewein durch einen ovalen kupfernen Trichter auffing und zur Vorlage brachte. Allein man fand gar bald, daß auch diese seynsollende Verbesserung den laufenden Brandtewein nicht gehörig abkühle. Endlich verfiel man auf eine Schlange. Man ließ nämlich eine kupferne Röhre drei Mal in dem Kühlfasse herumgehen, setzte in die Mitte des Kühlfasses und der Schlange eine von Brettern zusammengefügte Röhre, welche sich jedoch drei Zoll hoch über dem Boden der Fässer endigte, und befestigte solche mit eisernen Stäben. Eine zweite Röhre ähnlicher Art legte man an die Seite zwischen die Schlange und das Faß, und ließ diese durch den Boden gehen. In die mittlere Röhre leitete man das kalte Wasser, welches das von der Hitze leichter gewordene Wasser hinauf trieb, und solches vermittelst der zweiten Röhre, die man so viel niedriger machte, durch das Kühlfaß abführte.

Bei Verfertigung der Schlange hat man dahin zu sehen, daß solche oben am Schnabel des Helmes wenigstens um einen halben Zoll enger sey, als beim Ausgusse. Wird das Feuer zu stark; oder brennt man Brandtewein von Korn, das auf Hürdelägern gewachsen ist; oder setzt man Erbsen zum Schrote: so geht die Maische sehr leicht über, in der Kunstsprache, sie schießt durch, oder, nach dem gemeinen Ausdrucke, die Blase kotzet. Ist die Schlange nun beim Ausgusse enger, wie oben, so verstopft sie sich gar leicht, der Helm wird abgeworfen, die Maische kocht über, und es entsteht ein beträchtlicher Verlust an Brandtewein. Ist die Schlange indeß unten weiter als oben, so kann sie sich nicht verstopfen, die Maische geht in die Vorlage, und kann so wieder auf die Blase gegeben werden.

Diese Schlange entspricht nun ganz der bezweckten Verbesserung; inzwischen hat sie das Unangenehme, daß sie nicht so gut, als gerade Röhren, gereinigt werden kann. Man hat dazu verschiedene Mittel, wovon aber keines zum Ziele führt, nämlich:

1. Mehrere Kugeln durch sie laufen zu lassen, denen man sodann Wäsche, oder Wasser, nachgießt;

2. Eine Bürste an einem geglühten Drathe, welcher letztere eben so lang wie die Schlange ist, welche aber, praktisch angewandt, gewöhnlich nicht ihre Wirkung thut, indem sie meistens stecken bleibt. Weit besser bewährt sich

3. Folgende Procedur: man steckt den Schnabel des Helmes in die Schlange, den Hals nach oben gekehrt; verstopft das untere Ende der Schlange mit einem Korke; gießt nun am Abend heiße, dünne, abgeklärte Wäsche in die Schlange durch den Helm, läßt dies bis zum folgenden Morgen stehen, zieht dann den Pfropf heraus, und läßt die Wäsche wieder herauslaufen, spült dann aber mit kaltem Wasser nach. Dies reinigt die Schlange sehr gut, und zwar aus folgenden Gründen: Die Unreinigkeiten in der Schlange bestehen in Träbern, die sich beim Durchschießen angehängt haben. Die ätzende Säure der Wäsche greift die Kupfertheile an, löst das Schrot ab, erweicht es, und führt es ab. Diese Reinigung ist auch nur bei der Schlange, oder der Röhre der Läuterblase nöthig. Bei der Weinblase, in so fern man diese nicht auch mit zum Läutermachen

gebraucht, leistet heisses Wasser hinlänglich die bezeckte Reinigung, wenn es nach obiger Vorschrift in die Schlange oder Röhre gelassen wird und eine Zeit lang darin stehen bleibt, dann abgelassen und nachgespült wird.

Die Schlangen wurden lange Zeit als der beste Kühlapparat angesehen und sind auch noch bei den meisten Brennereien; allein, genauere Beobachter wollten sie doch nicht für ganz zweckmässig halten. Die Franzosen verfielen daher auf allerlei Künsteleien und zusammengesetzte Vorrichtungen, um den Spiritus noch schneller und vollkommner abzukühlen, wovon man in Düportals oben angeführten Werke die Zeichnungen und S. 14. u. f. die Beschreibungen finden kann; die aber, nach Hermbstädts Bemerkung dasjenige doch nicht vollkommen leisten, was sie leisten sollen und die, wegen der vielen dabei angebrachten Künsteleien, zur Nachahmung nicht zu empfehlen sind.

In Schweden verfiel man hingegen auf eine weit einfachere und zweckmässigere Abkühlungs-Maschine, den sogenannten Refrigerator oder Abkühler, der auch Kondensator oder Verdichter genannt wird. Hierunter ist der von dem Baron von Gedda in Stockholm zuerst angegebene und späterhin vom Hrn. Geh. R. Hermbstädt verbesserte, der beste.

Wer solchen bei seiner Brennerei anwenden

will, findet von dessen Nutzen und Einrichtung in J. Friedr. Dorn's nicht sehr theuren Anleitung zur Kenntniß und Beurtheilung der wichtigsten Operationen in der Bierbrauerei und Brandteweinbrennerei, Berlin 1811. §. 55. u. f. die nöthigen Nachrichten nebst einer Zeichnung, weshalb ich darauf verweise, um dies Werk nicht ohne Noth zu verweitläuftigen und vertheuren, und nicht abzuschreiben, wie ein gewisser Thierarzt Rolfs, troß aller Versicherung, daß er nicht abschreiben wolle, gethan und nicht nur meine Abhandlung über die Dreh = Krankheit der Schaafe, sondern auch andere wörtlich abgeschrieben hat.

1te Anmerk. Die Erfahrung wird erst noch ergeben müssen, von welchem Metalle die Refrigeratoren in Deutschland am vortheilhaftesten zu machen sind, ob von Weißblech, Eisen, oder Kupfer — die letzten dürften freilich wohl die dauerhaftesten, aber auch die theuersten seyn.

2te Anmerk. Die Kupferschmiede pflegen vom Refrigerator gern abzurathen, weil sie lieber die gewöhnlichen Schlangen machen und dann vorzuwenden, daß er nicht gut zu reinigen sey und daher leicht eine bläuliche Haut auf dem Brandteweine veranlasse. Dies ist aber durchaus falsch, denn der Refrigerator ist eben so leicht, ja leichter zu reinigen, als die Schlangen, wenn man in den Umfang oder denjenigen Theil desselben, worin der Spiritus in Tropfen verdichtet wird, nach der im §. unter Nr. 3. vorgeschriebenen Procedur heiße Dinne, abgeklärte Wäsche gießt und sie etwa 8 bis 12 Stunden lang darin stehen, dann aber wieder ablaufen läßt und nun mit kaltem Wasser nachspült.

§. 6.

Von den Bütten, Bottichen, oder Tienen.

Nächst den Blasen verdienen die **Bütten** oder **Bottiche** unsere Aufmerksamkeit. Man findet gewöhnlich zu zwei Blasen sechs Bütten, und die Eintheilung so, daß aus einer Bütte zwei Blasen voll abgetrieben werden. Diese Einrichtung ist jedoch sehr fehlerhaft. Ist die Bütte zeitig, in der Kunstsprache flücke, das heißt, ist die Gährung vollendet; steigen keine Blasen mehr auf; hat sich das Schrot, welches bei der Gährung oben war, nach unten gesenkt; ist die obere Flüssigkeit hell und weinsäuerlich: so ist es die rechte Zeit, sie abzutreiben. Wenig Stunden nachher tritt aber die Essigsäure ein, und dann ist ein Viertel des Geistes verloren. Will man nun aus einer Bütte zwei Blasen voll abtreiben, so wird der Inhalt der letztern, da eine Blase bei der alten Einrichtung sechs bis sieben Stunden Zeit zum Abtreiben erfordert, durchaus in die Essigsäure treten, also der Verlust an Brandtewein unvermeidlich seyn. Ein öfteres Anrühren mit der Krücke kann indeß den Eintritt der Essigsäure sehr aufhalten, wenn dabei die Bütte bedeckt bleibt.

Wer also eine neue Brennerei mit zwei Blasen anlegt, der schicke sich auf so viel Raum, daß er zwölf Bottiche neben einander stellen kann; er wird dabei recht viel gewinnen. In einer kleinen Bütte, wo man ungefähr fünf Himten Korn einmaischt, geht auch die Gährung besser und leichter von statten, wodurch die vermischten Theile des Kornes besser aufgeschlossen werden. Jede Bütte muß mit einem Deckel, der aus zwei Theilen besteht, versehen seyn, weil sonst die Temperatur der Wärme, welche die Gährung befördern muß, und nach Reaumur 20½ Grad ausmacht, zu sehr von der kältern Luft unterdrückt wird. Neuenhahn, Westrumb und Hermbstädt wollen, daß man auf die Mitte der Deckel eine Röhre von einigen Zollen ins Gevierte setzen soll, um die viele kohlensaure Luft, die sich bei der Gährung entwickelt, abzuleiten, weil ein Uebermaaß derselben die Gährung hindert.

Tannenholz ist eigentlich das passendste für die Bütten, weil das darin steckende Harz das Eindringen der Säure ins Holz verhindert. Da indessen das Tannenholz im Sommer, wenn der Betrieb der Brennerei ruht, zu sehr einschwindet, und da es, seiner mindern Dauerhaftigkeit wegen, theurer als härteres Holz, zu stehen kommt, so nimmt man doch lieber Bütten von Eichenholz. Wer diese will verfertigen lassen, der suche altes, schon ausgetrocknetes Holz dazu zu bekommen. Er leide nicht, daß der sogenannte Splint, oder der Theil, der zunächst unter der Rinde sitzt, am Holze bleibe, weil dieser sehr geschwind verfault. Er lasse, wenn der Brandtewein das erste Mal nicht einen abscheulichen Geschmack in den Bütten erhalten soll, die zubereiteten Stäbe und das Bodenholz vor dem Zusammensetzen in einem Teiche oder Flusse acht oder mehrere Tage lang auslaugen. Die Form der Bütten muß oval, nach unten zu etwas weiter als oben seyn, damit die Reife desto leichter und schärfer angetrieben werden können. Unter dem Boden her muß in der Quere ein eichener Riegel liegen, damit ersterer die Last der Flüssigkeit um desto besser tragen könne. Die Bänder sind gewöhnlich von jungen Eschen, und daher sehr kostbar im Ankaufe, weil der Forstmann den künftigen Zuwachs in Betracht nimmt. Ihre Dauer steht mit dem Kostenaufwande in keinem Verhältnisse, und man thut daher besser, die Bütten mit eisernen Reifen versehen zu lassen. Noch besser sind indeß Ketten; denn damit wird der Entzweck nicht allein eben so vollkommen als mit Bändern erreicht, sondern sie haben auch noch darin vor eisernen Reifen den Vorzug, daß keine Feuchtigkeit zwischen ihnen und dem Holze bleiben kann, weil die Luft mehr ein=

wirkt. Bei eisernen Reifen findet man, daß die Stäbe der Bütten am leichtesten da abstocken, wo die Reife sitzen. Wer in der Nähe des Harzes wohnt, kann jene Ketten zu wohlfeilern Preisen haben, als er für eiserne Reife verwenden muß.

Die Bütten dürfen nicht auf der Erde stehen, sondern müssen ein Lager von Holz zum Fußgestelle haben, weil sonst die untern Enden der Stäbe da, wo der Boden in sie eingefugt ist, leicht abfaulen.

Wer, nach der neueren Art eingerichtete kleinere Blasen mit niederen Rande in 24 Stunden 12 mal abtreibt, kann, weil hier nur 2 Stunden zum Abtreiben erfordert werden, ohne Bedenken aus einer Bütte zwei Blasen voll Maische abtreiben; da die Bütten ohnehin kleiner sind und die Maische darin leichter angerührt werden kann.

§. 7.

Von den Rinnen, Läuter- Wein- und Nachgangs-Tonnen 2c.

Nächst den Bütten verdienen auch die Rinnen und die Läuter- Wein- und Nachgangs-Tonnen unsere Aufmerksamkeit. Daß diese alle gehörig dicht seyn müssen, versteht sich von selbst.

Die Rinnen, wodurch theils die Maische auf die Blase, theils das kochende Wasser aus der

Blase in die Bütten geleitet wird, müssen von Tannenholz seyn, damit sie desto leichter transportirt werden können. Sehr gut ist es, wenn sie bis an die Stelle, wo eingegossen wird, verschlossen sind. Bei dem Hinleiten der Maische aus den Bütten nach der Blase ist dieser Verschluß zwar unnöthig, allein bei Ableitung des kochenden Wassers nach dem Schrote in die Bütten hat er seinen großen Nutzen. Soll das Schrot gut eingeteigt und seine Bestandtheile gehörig entwickelt werden, so muß das Wasser im Zeitpunkte des Kochens darauf kommen. Läuft es indessen bei kalten Tagen durch eine offene Rinne, so verliert es mehrere Grade seiner Hitze; mehr oder minder, je nachdem der Weg lang oder kurz ist, und hierdurch wird der Endzweck verfehlt. Da die Bütten ungleich niedriger stehen, als der Hals der Blase ist, so hat man ein Instrument erfunden, die Rinne von der Bütte ab so hoch stellen zu können, daß sie das Gefälle nach der Blase bekommt. Man nennt es einen Rinnenknecht.

Zum Betriebe der Brennerei sind ferner noch an Geräthschaften erforderlich: Läuter-, Wein- und Nachgangs-Tonnen. Ihre Anzahl und Größe richtet sich nach dem größern oder geringern Absatze des Fabrikats. Erfordert dieser täglich 1 Faß Brandtewein, so gehören dazu 12 bis 16 Stück von der Größe eines Ohms. Da sie viel auszuhalten haben, so müssen sie von Eichenholz und mit starken Bändern versehen seyn. Jede Blase erfordert einen Trichter von Kupfer in runder oder ovaler Form, und jeder Trichter vier Filtrir = Tücher. Letztere müssen aus dickem Kirsei oder recht dichtem Flanell gemacht, und da sie durch die Nässe sehr einschrumpfen, von Haus aus wenigstens 1 ½ Schuh ins Gevierte groß seyn. Sie dienen dazu, die mit dem Läuter und dem Brandteweine durchgehende Unreinigkeit aufzufangen. Nach jedesmaligem Gebrauche müssen sie gereinigt werden. Dies darf aber nur in reinem Wasser geschehen, weil, wenn man Seife dazu nehmen wollte, das größte Unglück geschehen würde, worüber weiter unten die angehängte Erzählung nachzulesen ist. Nach dem Auswaschen müssen sie in die freie Luft gehängt werden, damit ihnen der Fuselgeschmack vergehe, der sich sonst dem folgenden Brandtewein, der durch sie geht, mittheilen würde. Aus eben diesem Grunde muß man zu jeder Blase vier solche Tücher haben.

Zu jeder Blase gehört ferner ein Teller, den man in den Trichter und mit dem andern Ende auf den Ausguß der Schlange stellt. Ueber denselben wird ein zweites Filtrir = Tuch gehängt; und dies alles geschieht, um das Verfliegen des Spiritus zu verhindern.

§. 8.

Von den übrigen bei einer Brennerei nöthigen Geräthschaften.

Außer den bisher erwähnten sind nun noch in einer Brennerei folgende Geräthschaften nöthig.

Ein Maaßstab muß immer am Kühlfasse hängen, um von Zeit zu Zeit die Stübchenzahl bestimmen zu können, welche bereits in der Vorlage sich befindet. Einen solchen Maaßstab verfertigt man auf folgende Art: Man nimmt ein auf beiden Seiten glatt gehobeltes Stäbchen von Eschenholz, welches etwas länger seyn muß, als die senkrechte Tiefe eines Oxhoftes von Spundloche ab beträgt. Auf eine Läutertonne, die mit allen übrigen gerade einerlei Maaß halten muß, weil sonst zu einer jeden ein eigener Maaßstab nöthig seyn würde, gießt man sodann 1 Stübchen Wasser, hält den Maaßstab in das ruhig stehende Wasser senkrecht hinein, und schneidet da, wo der Stab über dem Wasser hervorzuragen anfängt, eine Kerbe ein. Dann gießt man wieder 1 Stübchen Wasser zu, und macht einen zweiten Einschnit, und dieß Verfahren setzt man so lange fort, bis die Tonne voll ist. Daß dieselbe ganz horizontal stehen müsse, wenn der Maaßstab richtig seyn soll, versteht sich von selbst.

Brandteweinfässer gehören zu einer Brennerei von der oberwähnten Art wenigstens

80 bis 100. Nicht um den Brandtewein darauf zu lagern, ist diese Anzahl nöthig, weil dies auf Stückfässern geschehen muß, sondern zur Versendung des Brandtweins. Jeder Krüger oder Kaufmann, der sich als Abnehmer dieser Waare einfindet, behält die Fässer so lange, bis er den Brandtewein abgesetzt hat und wieder neuen erhält. Es wird eins und das andere wandelbar und muß ausgebessert werden. Hauptsächlich aber sind Fässer in gehöriger Anzahl erforderlich, wenn bei guten Konjunkturen auf ein Mal ihrer viel zu versenden sind. Eichene Fässer mit Bändern von Haselnußholz sind die stärksten. Wer neue anschafft, der lauge sie ja zuvor mit Wasser hinlänglich aus, ehe er sie mit Brandtewein füllt; sonst verdirbt seine Waare, und er verliert seine Kunden.

Zwei Mösch- oder Maischhölzer sind erforderlich, um beim Einteigen das Schrot so lange durchzuschlagen, bis keine Klümpe mehr übrig sind, die sich sonst nicht auflösen, in der Blase zu Boden sinken, daselbst sich an das Kupfer hängen und dem Brandtewein einen räucherigen (brenzligen, brandigen) Geschmack mittheilen, der beim Genusse ein widerliches Brennen im Halse und Ueblichkeiten erregt, folglich keine Abnehmer findet. Auch die Blase wird auf dieser Stelle leicht, ihrer erhaltenen Sprödigkeit wegen, brechen, und daher kostbare Reparaturen erfordern.

Eine Möschkrücke dient dazu, wenn auf den Teig eine größere Menge Wasser gegeben wird, das Ganze in der Bütte in Bewegung zu setzen und das Schrot vom Boden ab- in die Höhe zu krücken. Man sieht an dieser Krücke, ob die Maische gut gerathen sey oder nicht, wovon weiter unten ein Mehreres.

Zu den Brandteweinbrennerei-Geräthschaften gehören ferner:

Vier Eimer, die alle ein bestimmtes Maaß halten müssen, um die gehörige Quantität kalten und warmen Wassers zu treffen, welches zum Einbrennen nöthig ist.

Ein Probierglas und ein Stichheber, um den vorräthigen Brandtewein zu probiren.

Eine Feuerkrücke, um die Asche vom Heerde zu ziehen.

Eine Schaufel, um die Kohlen einzuwerfen. Wenn mit Holz gebrannt wird, noch eine Ofengabel, um das Holz im Ofen zu regieren.

Eine Wäschegruft, oder ein Behälter, wohin man die in der Blase zurückbleibende Wäsche laufen läßt, und woraus das Vieh gefüttert wird. Sie muß im Maststalle angebracht werden, und die Wäsche muß von selbst dahin laufen, weil das Tragen zu viel Zeit- und Kostenaufwand verursachen würde. Bei Anlegung einer solchen Wäschegruft ist die äusserste Vorsicht nöthig. Besonders ist, wie bereits erinnert worden, dahin zu sehen, daß kein wildes Wasser in sie eindringen könne, weil dies dem Fettwerden der Ochsen sehr hinderlich ist. Sie muß mit Quadersteinen ausgelegt seyn, auch muß hinter und unter die Quadern recht bindender Lehm oder Thon gestampft werden, der billig, wie auf den Ziegeleien, zuvor gemahlen werden sollte. Man kann, wenn es die Lage des Orts erlaubt, in diese Gruft eine Pumpe setzen, und so vermöge einer Rinne mit leichter Mühe die Wäsche leiten. Der Säuger in der Pumpe darf indeß nicht von Leder seyn, weil dies durch die heiße Wäsche zu leicht einschrumpft, und dann den Dienst versagt. Klappen von Hutfilz sind hierzu am brauchbarsten.

Eine Schneidelade zum Futterschneiden für das Mastvieh.

Ein Futterkorb (Futterküpe), um den Häckfel nach den Krippen zu bringen.

Ein Vinometer, um den Gehalt des Brandteweins genau erforschen zu können. Wie dies Instrument verfertigt werde, und unter welchen Graden der Wärme man den Brandtewein damit messe, lehrt Weiß in seiner praktischen Anweisung zur Brandteweinbrennerei. Auch in Gotthards technologischem Handbuche ist ein Auszug davon S. 280. ff. zu finden, wornach ein Jeder im Stande ist, sich einen Vinometer zu bereiten. Es ist für den Oekonomen ein unentbehrliches Geräth, und das einzige Mittel, um den Brandteweinbrenner mit Sicherheit und richtig zu kontrolliren. Denn wenn man dem Brenner das Korn zuwiegt, und das erste Mal selbst zusieht, wie viel Brandtewein, welcher nach dem Vinometer zwei Drittel Spiritus und ein Drittel Phlegma enthält, aus so und so viel Pfund Korn ausgebracht wird: so kann der Brenner nachher zwar immerhin die nämliche Quantität aus dem Korn liefern, und doch einen Unterschleif treiben, weil weder Augenmaaß noch Geschmack diese genaue Proportion von $\frac{1}{3}$: $\frac{2}{3}$ Phlegma und Alkohol beurtheilen läßt. Liefert er aber die nämliche Anzahl Kannen oder Stübchen, die man selbst aus einer ähnlichen Pfundzahl Korn gezogen hat, und halten diese nach dem Vinometer die nämlichen Grade: nur dann kann man sicher seyn, daß kein Unterschleif Statt gefunden hat.

Im Sommer bei großer Hitze und bei einem Ungewitter gelingt die Gährung nicht so gut, wie sonst, und die Maische geht zu früh in die Essigsäure über. Dies sind dann gültige Entschuldigungs- oder vielmehr Rechtfertigungsgründe für den Brenner, wenn er die nämliche Quantität Brandtewein aus einer gewissen Pfundzahl Korn nicht liefert.

§. 9.

Beispiel von einer wirklich existirenden Brennerei, um das in dem Obigen Vorgetragene desto begreiflicher zu machen.

Um selbst solchen Lesern, welche in diesem Fache noch ganz unkundig sind, einen ganz ausführlichen Begriff von den Verhältnissen und der Größe der verschiedenen Geräthschaften, die zu einer Brennerei gehören, zu verschaffen: so will ich eine wirklich bestehende, jedoch nach der alten Methode eingerichtete Industrie-Anstalt dieser Art hier zum Grunde legen, und eine genaue Beschreibung derselben in dieser Rücksicht mittheilen.

Die Läuterblase, welche an Flüssigkeit 70 Eimer à 3 Stübchen enthält, ist hoch 3′ 6″, weit 4′ 3″.
Die Oeffnung des Halses — — weit 1′ 11½″.
Der Helm ist hoch 2′ 3″, weit 2′ 8″.
Der Helmschnabel lang 2′ 5″, unten weit 2½″.
Die Schlange oben weit 3″.
— — unten am Ausgusse 3¼″.

Die Blase steht von dem Roste, worauf das Feuer ist, 1′ 8″ entfernt, weil dieser für Steinkohlen eingerichtet ist.

Die Steinkohlen geben in der Höhe von 12 — 15 Zoll eine blaue Flamme, die vermöge ihrer erstaunlichen Säure das Kupfer angreift und auflöst. Da diese Flamme indeß nie höher steigt, so kann man sicher seyn, daß bei einer Höhe von zwanzig Zoll der Boden nie angegriffen wird. Wer mit Holz brennt, der braucht sie nur vierzehn Zoll hoch vom Roste ab einmauern zu lassen, und gewinnt dabei an Feuerung, weil ein größerer Raum mehr Feuer-Material kostet.

Das Feuerloch ist 3′ 5″ hoch und 1′ 5″ weit, und ist mit einer fest schliessenden Thür versehen. Das Aschenloch ist 2′ 2″ hoch 1′ 3″ weit. Die Roste sind von Eisen und die Stäbe oben 3″ und unten 2″ dick. Sie dürfen nicht in der Breite, sondern müssen vom Feuerloche an in der Länge liegen. Der Zwischenraum zweier Stäbe beträgt jedes Mal 1″. Die Stäbe müssen darum unten schmäler seyn als oben, damit die Luft, die nach dem wärmern Theile zuströmt, sich darin presse und desto mehr auf das Feuer wirke. Unter der Erde sind Kanäle, die von auswärts die kältere Luft auffangen und sie unter die Blase führen, weil ohne diese Vorrichtung die Steinkohlen nicht brennen.

Die kleine Blase hat in Ansehung des Rostes, des Aschenloches und der untern Luftzüge dieselbe Einrichtung wie die Läuterblase. Sie hält 2′ 9″ Höhe und 3′ 8″ in der Weite. Der Blasenhals ist 1′ 5½″ weit; der Helm 2′ weit und 1′ 9″ hoch; der Helmschnabel 2′ 6″ lang und 2¼″ weit. Die Schlange ist oben 2½″ und unten 2¾″ im Durchmesser. Ein Kühlfaß ist 5′ hoch, oben weit 5′

und unten 3′6″. Jede Bütte ist 8′ lang, 6′ breit und 3½′ hoch. Besser ist es, wie schon oben bemerkt worden, anstatt der sechs großen, zwölf kleinere Bütten zu haben.

Anmerkung. Zu dem Abtreiben des Weines ist darum eine eigene Blase vorzüglich gut, weil man erstlich sehr an Zeit gewinnt, wenn man mit der einen beständig am Läutern, mit der andern aber am Weinmachen bleiben kann; zweitens, weil der häßliche Geschmack, welcher sich stets in der Läuterblase, aller Reinigung ungeachtet, aufhält, sich dem Brandtewein nicht mittheilt, und er daher nicht den Fuselgeschmack annimmt.

Eine Brennerei mit dem Apparate von obiger Größe ist vermögend, täglich, oder in 24 Stunden, ein Oxhoft oder ein Faß Brandtewein von 60 Stübchen Hildesheimer, oder 180 Quart Berliner Maaß zu produciren. Von dem Abfalle, oder den Träbern, können, mit einem Zusatze von etwas Häcksel, von Heu oder Stroh geschnitten, 36 Ochsen zwei Mal im Jahre fett gemacht werden.

1te Anmerk. Wer nach der neueren Einrichtung mit flachern und kleinern Blasen arbeitet und solche in 24 Stunden 12 mal abtreibt, der braucht, wie leicht einzusehen, um die nämliche Quantität Maische täglich in Brandtewein umzuwandeln, Blasen, welche etwa $\frac{1}{3}$ der Grösse der von mir angegebenen haben, weil darin nur jedesmal $\frac{1}{3}$ von der angebenen Quantität Maische bearbeitet zu werden braucht. Da werden also die angegebenen Dimensionen der Höhe, Weite des Blasenhalses u. s. w. ganz anders.

Die Verhältnisse einer Blase, worin das Gut, oder die Maische von 2 Berliner Scheffeln (4 Hildesh. Hpten.) Weizen (zu 85 Pfd.) oder $2\frac{1}{3}$ Scheffel Roggen (à 80 Pfd.) oder 2 Scheffel 9 Metzen Gerste (à 69 Pfd.), oder $2\frac{3}{8}$ Scheffel Buchweizen (à 75 Pfd.) oder $3\frac{7}{16}$ Scheffel Hafer (à 50 Pfd.) mit einemmale abgeschwälet oder abgetrieben werden kann, wenn dabei das Verhältniß des Schrots gegen das Wasser wie 1 zu 9 als das beste, angenommen wird, giebt der verdienstvolle etc. Hermbstädt in s. bereits beregten Anmerkungen zu Dúportals Werke §. 2. folgendermaaßen an:

Hiezu ist eine Blase erforderlich, welche den Kubischen Inhalt bis an die Wölbung, von 170 — $42\frac{1}{2}$ + 1530, also in allem $1661\frac{1}{2}$ Pfd. oder 665 Berliner Quart (221 Hildesh. Stübchen) fasset, wobei noch 2 Quart für die Hefen gerechnet ist, folglich eine Blase, deren Kessel am Rande 1 Fuß tief und dessen Durchmesser $5\frac{1}{3}$ Fuß beträgt.

Für eine solche Blase muß die Tiefe der

Wölbung, mit Einschluß des Blasenhalses, wenigstens 4 Zoll, und der Durchmesser der Mündung des Halses 3 Fuß betragen, wenn die Dunstsäule, die sich während der Destillation entwickelt, in gleichem Maaße ihrer Bildung, zu dem Blasenhelme fortgeleitet werden soll.

Damit aber der aufsteigende Dunst auch wirklich, im Verhältniß seiner Bildung, fortgeleitet werden kann, muß der Helm (Knickhelm) der hier blos als Dunstleitungs-Rohr dient, damit im Verhältniß stehen; das heißt: sein Durchmesser muß gleichfalls 3 Fuß betragen, seine Höhe darf nur 2 Fuß seyn, der Durchmesser seines Ausgangs-Rohrs darf aber nicht über 10 Zoll betragen.

Um dem anscheinenden Einwurfe, „daß „hierin ein Widerspruch liege, weil der Durch„messer der Dunstsäule unverändert derselbe „bleibe, der Durchmesser des Blasenhelms, „so wie seine Fortleitungs-Röhre aber ab„nehme", zu begegnen, fügt er noch hinzu, daß man zu erwägen habe: daß in dem Augenblicke, wo der Dunst in den Helm tritt, solcher eine niedere oder mindere Temperatur erleidet, folglich sich in seiner Ausdehnung vermindert, ohne deshalb zur tropfbaren Flüssigkeit zu werden; woraus hervorgehe, daß der Durchmesser der Dunstleitungs-Röhre wohl abnehmen könne, ohne daß eine erhebliche Veränderung in der Geschwindigkeit der Destillation dadurch veranlaßt werde.

2te Anmerk. Da nach den von ꝛc. Hermbstädt als richtig anerkannten Grundsätzen, die Höhe des Blasenrandes und die Wölbung der Blase immer die nämliche bleiben muß, so wird man nach obigen Verhältnissen, leicht den Durchmesser einer Blase berechnen können, worin eine mindere oder größere Quantität Maische oder Gut auf eins abgeschwälet oder abgetrieben werden soll. Will man nämlich eine Blase machen lassen, worin das Gut von 3 Scheffeln auf eins abgeschwälet werden kann, so muß man nur den Durchmesser eines Cirkels berechnen, oder berechnen lassen, der $1\frac{1}{2}$ mal so viel Umfang hat u. s. w., weil die Höhe der Blase immer die nämliche bleibt.

Hier glaube ich nur noch bemerken zu müssen, daß bei der von mir nach der alten Art angegebenen Brennerei auf einer 70 Eimer haltenden Läuter-Blase täglich, und zwar in 4 malen, 20 bis 22 Braunschw. Himten, mithin etwa 12 Berliner Scheffel Korn verbraucht wurden. Wer demnach eine eben so starke Brennerei, wie die von mir beschriebene nach der neueren Methode anlegen und seine Blasen in 24 Stunden 12 mal abtreiben will, darf seine Blasen dreist nach den von ꝛc. Hermbstädt in dem Obigen angegebenen Dimensionen und Verhältnissen einrichten lassen.

§. 10.

Von den Vorrichtungen und Vorkehrungen im Maststalle.

Der Maststall muß, wie wir schon im Obigen §. 2. gesehen haben, nach einer Seite zu abhängig gepflastert seyn. Außerdem muß aber noch hinter jeder Reihe der Ochsen eine Gosse angebracht seyn, die den Urin nach dem Miste führt. Auf 40 Fuß Breite muß immer ein Gefälle von 6 Zoll im ganzen Pflaster seyn. Dies hat selbst beim Verkauf der Ochsen einen wesentlichen Nutzen, um die Waare im vortheilhaftesten Lichte erscheinen zu lassen. Man bringt zu dem Ende die größten Ochsen voran auf den niedrigsten Plätzen an, und stellt die immer kleinern auf das steigende Pflaster. Sie fallen dann alle mehr ins Auge. Die Krippen müssen nicht abhängig, sondern horizontal stehen. Wer nicht ganz steinerne Krippen haben kann, der nehme Eichenbohlen zu den Backen, lasse diese mit Backsteinen mollenförmig auspflastern und die Fugen mit Steinkitt ebnen. Diese Krippen kommen nicht hoch zu stehen und sind sehr dauerhaft.

Wie die Spülichtgrube, oder Wäschegruft, einzurichten und warum sie besonders gegen wildes Wasser zu sichern sey, haben wir schon im §. 8. gesehen; wo auch die Methode angegeben, wie die Wäsche am leichtesten in die Krippen zu schaffen sey.

Zweiter Abschnitt.

Von den verschiedenen Natur-Erzeugnissen, woraus man, neueren Erfahrungen zu Folge, Brandtewein brennen kann, und besonders von den allgemein anwendbaren derselben und deren Behandlung.

§. 11.

Von den zu Erzielung des Brandteweins tauglichen Haushalts-Erzeugnissen.

In älteren Zeiten brannte man blos aus den verschiedenen Getreide-Arten, insbesondere aus dem Roggen, Brandtewein; allein in neueren Zeiten ist man viel weiter gegangen und brennt noch a. aus Kartoffeln, b. aus Runkelrüben, c. aus Moor-Rüben oder Möhren, d. aus Kohl- und Wasser-Rüben, e. aus Erdäpfeln, f. aus Pflaumen, g. aus den schwarzen und weißen Maulbeeren, h. aus den Ebereschenbeeren, i. aus Weintrebern, Brandtewein; ja, man ist in neueren Zeiten noch weiter gegangen, und hat aus Vogelkirschen, Hanebutten u. s. w. Brandtewein gebrannt, wovon man in Hermbstädts Bülletin umständliche Nachricht findet.

Da jedoch die verschiedenen Getreidearten und die Kartoffeln wohl immer die Haupt-Materialien zur Erzeugung des Brandteweins bleiben werden, so werde ich hier nur von deren Zubereitung und Behandlung, um daraus guten Brandtewein zu liefern, reden. Wer die Methode, wie man aus den übrigen Vegetabilien Brandtewein brennen könne, wissen will, den verweise ich auf rc. Hermbstädts Anmerkungen zu Düportals Anleitung S. 140. u. folg. und auf dessen Bülletin des neuesten u. s. w.

Erste Abtheilung.

Von den verschiedenen zum Brandteweinbrennen tauglichen Korn-Arten und deren Behandlung, bis sie als Maische auf die Läuter-Blase gebracht werden können.

§. 12.

Von den zum Brandteweinbrennen tauglichen Kornarten.

Man kann aus allen Kornarten Brandtewein brennen, jedoch passen einige Arten besser dazu, als andere. Weizen giebt den mehrsten Brandtewein; nach diesem folgen Erbsen und Bohnen, die man jedoch nicht allein zu diesem Behufe gebrauchen kann, weil das Getränk einen zu unangenehmen Geschmack davon erhält. Dann folgt der Roggen, dann Gerste, und endlich Hafer. Wer Bohnen und Erbsen zusetzen will, der darf ungefähr nur den zehnten Theil nehmen, theils der so eben erwähnten Ursache wegen, theils aber auch, weil diese Kornart die Maische leicht zum Durchschießen bringt, wodurch viel Nachtheil entsteht.

Ueberhaupt nimmt man daher diese Kornart nur im Nothfalle.

Anmerk. Wenn die Brennerei regelmäßig betrieben wird, und der fünfte bis sechste Theil des Korns gemalzt ist, so muß, nach vielfältigen, und unter andern auch nach meinen eigenen Erfahrungen, 1 Pfund geschroteter Weizen $\frac{5}{38}$ Kannen Brandtewein Hannöverischen Maaßes geben; ferner 1 Pf. Roggenschrot $\frac{8}{73}$, und 1 Pf. Gerstenschrot $\frac{3}{27}$ Kannen. Gemalztes Korn giebt ungleich mehr Geist als ungemalztes hartes. Weil man jedoch selten so viel Bodenraum hat, um alles malzen zu können, was an Früchten zur Konsumtion für die Brandteweinbrennerei bestimmt ist, so nimmt man einen Theil gemalztes und einen Theil hartes Korn zusammen. Je größer die Menge des Malzes seyn kann, desto mehr Brandtewein wird man erhalten.

§. 13.
Ueber die nöthige Vorsicht bei dem Korn-Ankaufe.

Wer Korn zur Brennerei ankauft, hat dabei mehr als eine Vorsicht nöthig, um sich keinen Schaden zuzuziehen; also werden einige Regeln darüber nicht unnütz seyn.

Man suche das vollkommenste und schwerste Korn nach dem Gewichte zu kaufen, und gebe lieder ein paar Groschen für den Himten mehr, ehe man leichteres wohlfeiler kauft. Man wähle das von Trespen und Raden freie Korn. Man muß indessen eins von beiden mit kaufen, so sey es lieber trespenes, als radenes. Die Trespe hat nach Weissens genauen Versuchen beinahe so viel Geist als der Hafer; Rade fast gar keinen. Weizen, der durchsichtig ist und ein gläsernes Ansehen hat, kaufe man nicht, weil dieser auf Hürdenschlag gewachsen und daher zum Durchschießen sehr geneigt ist. Je dünnhülsiger und mehlreicher die Körner sind, desto mehr Spiritus enthalten sie. Man kaufe nichts, worin der Wurm gefressen; nichts, was rothe Spitzen und in der Scheune sich gebrannt hat; nichts, woran man einen mulstrigen Bodengeruch verspürt: denn in allen diesen Fällen würde man beim Brandteweinbrennen in Ansehung des Spiritus zu kurz kommen.

§. 14.

Vom Malzmachen und den verschiedenen Arten des Malzes und deren Behandlung.

Da die Erfahrung ergeben hat, daß gemalztes Korn seine Kraft, oder den in ihm enthaltenen Geist besser hergebe, als blos geschrotenes Korn, so muß derjenige, der mit Erfolge Brandteweinbrennerei betreiben will, auch wissen, wie er Malz machen müsse; also ist das Nöthige hierüber zu sagen.

Man malzt bekanntermaaßen entweder an der Luft oder auf der Darre; daher der Unterschied zwischen Luftmalz und Darrmalz. Ersteres ist bei weitem das beste; letzteres nur Nothbehelf.

1. Vom Luftmalze. Obgleich alle Kornarten vermalzt werden können, so nimmt man doch gewöhnlich nur Gerste dazu, und verbraucht die andern Kornarten lieber ungemalzt. Die zum Vermalzen wirklich bestimmte Gerste schüttet man in irgend ein Gefäß, oder besser, wenn man es haben kann, in ein großes steinernes, übergießt solche, wo möglich, mit fließendem Wasser, so daß es drei Finger hoch über der Gerste steht. Diese rührt man dann tüchtig durch einander, damit der darunter befindliche Unrath an leichten, tauben Körnern, Grannen, Kaff u. dgl. oben auf komme, welche man sodann abschöpft und in die Wäsche für das Vieh giebt. Verunreinigt sich das Wasser sehr, so muß man es unten durch den Zapfen ab- und reines Wasser wieder einlassen. Täglich muß die Gerste im Gefäße einige Mal durchgerührt werden, theils um sie noch mehr zu reinigen, theils um sie lose zu machen, weil sonst das Wasser auf die unten befindliche, zu sehr gedrückte Gerste nicht würde wirken können. Von Zeit zu Zeit versucht man, ob ein Korn sich von Seiten der beiden Spitzen zwischen den Fingern zerdrücken läßt. In

diesem Falle, oder auch, wenn es einen weißen Strich hinterläßt, indem man damit über ein Bret fährt, hat es lange genug geweicht. Man läßt sodann das Wasser ab und bringt die Gerste auf einen mit Gyps begossenen Boden, wo man sie in einen länglichen, ziemlich hohen Haufen sticht, damit sie sich erhitze und Keime treibe. Bei sehr kalter Witterung wird dieser Haufen mit Säcken, Wagenlaken u. dgl. bedeckt, damit er sich desto eher erwärme.

Sobald sich an jedem Ende eines Kornes drei Keime zeigen, muß die Gerste schnell aus einander gestochen und dadurch in mehrere Berührung mit der Luft gesetzt werden, weil sonst der Graskeim erfolgt, und mit diesem ein großer Theil des Geistes verloren geht. Man schafft daher das Malz gleich Anfangs auf einen luftigen Boden, breitet es dort so dünn wie möglich aus einander, und rührt es mit einer langen Stange täglich erst zwei, nachher ein Mal tüchtig durch. Je mehr es auszutrocknen anfängt, desto dicker kann man es über einander legen, um dadurch wieder Raum für das nachfolgende Malz zu gewinnen. Aber nicht eher darf man das Malz beträchtlich aufhäufen, als bis die Körner so hart geworden sind, daß sie beim Durchbeißen aus einander springen.

Die besten Jahreszeiten zu dieser Verrichtung

sind Frühling und Herbst. Die beiden andern Jahreszeiten sind nicht so günstig: der Winter aus dem Grunde nicht, weil es dann schwer hält, die Körner gleichmäßig zum Keimen zu bringen; denn daran ist die Kälte dem äußern Theile des Haufens hinderlich. Im Sommer wird durch die starke Hitze das Keimen und Wachsen zu sehr befördert, und es hält dann schwer, zu verhindern, daß nicht das Korn in den Graskeim übergehe.

Findet man im trockenen Malze, welches man oft aus Mangel an selbstbereitetem ankaufen muß, zusammenhängende Klumpen, so ist dies ein Beweis, daß das Malz überwachsen sey und wirklich Graskeime getrieben habe. Davor hüte man sich, weil der Spiritus darin mangelt. Ist dieser Fehler beim eigenen Malze entstanden, so lasse man die Klumpen, bevor man das Malz nach der Mühle sendet, zerreiben; das Schroten würde sonst nicht gehörig von statten gehen, und auch hiervon eine fehlerhafte Gährung die Folge seyn.

Alle Kornarten, wie gesagt, lassen sich zu Malz machen, und das Verfahren bleibt immer dasselbe. Nur beim Hafer ist die größte Vorsicht nöthig, weil dieser die Graskeime mit den drei Wurzelkeimen fast zu gleicher Zeit treibt. Man muß daher, sobald sich nur die Spitzen der Wurzelkeime zeigen, den Wachshaufen schnell aus einander werfen und ihm sehr viel Luftzug verschaffen.

Wer hinlänglichen Bodenraum, oder ansehnlich große Malzdarren hat, der lasse so viel wie möglich alles zur Brennerei nöthige Korn malzen, weil durch diese Verrichtung die Menge des Satzmehles, welches den meisten Brandtewein giebt, im Korne vermehrt wird. Mühe und Kostenaufwand werden hierbei durch den vermehrten Spiritus mit Wucher vergütet.

2. Vom Darrmalze. Man versteht unter einer Darre überhaupt eine jede künstliche, in einer gewissen Art von Oefen bestehende Anstalt, vermittelst welcher allerhand Feld-Produkte, genießbare und ungenießbare, gedörret (daher der Ausdruck Darre), getrocknet oder gebacken werden. Nach Verschiedenheit dieser Produkte, giebt es daher auch verschiedene Arten der Darren, als da sind: Flachsdarren, Obstdarren, Malzdarren. Hier ist besonders von den leztern die Rede.

Eine Darre zum Malztrocknen anzulegen und zu unterhalten, erforderte ehemals großen Kostenaufwand. Man hatte nämlich unten einen eigenen Ofen, der bis zum Boden hinauf, wo die Darre sich befand, mit einem auf allen Seiten 12 Zoll weit abstehenden Mantel in Schorsteingestalt aufgemauert war. Die

Darre war oben mit Drath so enge geflochten, daß keine Körner durchfallen konnten. Der Ofen mußte nun durch ein eigenes Feuer in immerwährender Glut erhalten werden, bis die aufgeschüttete Quantität Malz, welche sehr oft gewendet werden mußte, trocken war. Um eine Darre mit Malz abzutrocknen, mußte der Ofen sehr lange in Hitze erhalten werden, welches große Kosten verursachte.

Durch Nachdenken und Raffinement hat man hierin jetzt große Ersparungen angebracht. Auch hat Herr Neuenhahn der Jüngere in Nordhausen eine ältere, beinahe schon in Vergessenheit gerathene, Anlage wieder hervorgesucht und aufs neue in Wirksamkeit gesetzt, wobei er durch die Hitze und den Rauch, welche beim Brandteweinbrennen aus den Zuglöchern durch den Schorstein unnütz verloren gehen, vermöge einer über der Brennerei nahe am Schorstein angebrachten Darre, nicht allein das höchst nöthige Malz zur Brennerei erzielt, sondern auch eine große Menge des übrigen zur Brennerei bestimmten Kornes als Malz gedarrt erhält, und dadurch den Gewinn an Spiritus mächtig vermehrt. Er benutzt eine solche Darre, die gar keine eigene Feuerung kostet, außerdem noch auf mancherlei Weise zum Nutzen und Frommen seines Haushaltes. Kauft er in wohlfeilen Zeiten größere Kornvorräthe an, als sein Bodenraum zu fassen vermag, so röstet er es auf dieser Darre, benimmt ihm sein Leben und seine Feuchtigkeit, sichert es vor dem Wurmfraß, und daß es nicht mulstrig werde, und nun kann er es ohne Gefahr 3 Schuh hoch auf den Boden legen und mit Ersparniß des Raumes aufbewahren. Auch darret er hier für sich und seine Freunde alle Obstarten, und nutzt sodann die Hitze, die sonst unnütz verflogen seyn würde, außerordentlich.

Wer eine lehrreiche Abhandlung hierüber lesen und eine bildliche Darstellung der Anlage sehen will, der findet beide im ersten Theile von Neuenhahns Brandteweinbrennerei, S. 535, der dritten vermehrten und verbesserten Auflage.

Daß in Ansehung des Malzens das Korn beim Darren eben so behandelt wird, wie das Luftmalz, versteht sich von selbst.

§. 15.
Vom Schroten des Kornes und Malzes und dem, was dabei zu beobachten ist.

Nächst dem Malzen kommt nun noch das Schroten des Kornes und Malzes in Betracht. Hiebei hat man sich vorzüglich gegen die Unarten und Betrügereien der Müller zu sichern und sonst noch verschiedenes zu beobachten. Hiezu soll in dem hier Folgenden die Anleitung gegeben werden.

Wer nach der Mühle Korn zum Schroten schickt, der begnüge sich nicht damit, es bloß zu messen; denn das ist noch nicht hinlänglich, um des Müllers Ehrlichkeit zu kontrolliren. Nur durch die Vergleichung des Gewichtes vor und nach der Mühle, kann man mit Genauigkeit erforschen, ob man redlich behandelt worden sey, oder nicht. Man mache mit dem Müller den Kontrakt, daß ihm von jedem Braunschweiger Himten ein Pfund Rabatt am Gewichte zugestanden werden soll, und daß man ihm da, wo er für das Schroten zu metzen berechtigt ist, den Metzenkopf, das heißt, den sechzehnten Theil eines Himten, besonders, entweder jedes Mal, oder monatlich, in Natura entrichten will. Oder man werde mit ihm über eine gewisse Geldsumme eins, die er jährlich für das Schroten haben soll; welches wohl darum die beste Verfahrungsart ist, weil man des Kornes selbst benöthigt ist, und gewöhnlich noch etwas zukaufen muß. In beiden Fällen kann der Müller mit 1 Pfund Rabatt für den Himten nicht allein vollkommen zufrieden seyn, sondern er hat auch noch Gewinn dabei, und wird gern den Kontrakt-Punkt eingehen, das mehr Fehlende nach dem Durchschnittpreise des Kornankaufs zu ersetzen und sich einen deßfallsigen Abzug gefallen zu lassen.

Da indessen ein Müller gewöhnlich kein außerordentlich zartes Gewissen hat, so sucht er durch allerhand Mittel das zurückzuliefernde Gewicht zu vermehren, und in eben dem Maaße Korn für sich zu gewinnen. Die gewöhnlichen Mittel und Wege, deren er sich dazu bedient, sind folgende:

1. Daß er das Korn vor dem Aufgeben auf die Mühle anfeuchtet, womit er immer auf den Himten 5 bis 6 Pfund gewinnen kann. Allein bei gehöriger Aufmerksamkeit kommt man leicht hinter diesen Betrug; denn sobald derselbe Statt gefunden hat, läßt sich das Schrot beim Eingreifen in den Sack mehr kuchenartig zusammenpressen, als wenn es trocken geschrotet ist. Um sich hiervon selbst zu überführen und sein Gefühl darin zu üben, geht man zuerst selbst mit nach der Mühle, läßt das Korn so frisch und trocken, wie es hingeschickt war, auf den Rumpf geben, und knetet nun von dem herunterkommenden Schrote etwas in der Hand zusammen. Dadurch überzeugt man sich, daß trockenes Korn ein solches Schrot geben müsse, welches nach dem Zusammendrücken in der Hand elastisch wieder aus einander fällt.

Durch einen Hygrometer, oder Feuchtigkeitsmesser würde die Sache sich noch genauer bestimmen lassen, wenn man nämlich von dem nach der Mühle zu sendenden Korne etwas in einem Mörser zerstampfte, dessen Feuchtigkeit mäße und sie mit der des Schrotes vergliche.

2. Eine noch weit gröbere Art des Betruges ist die, daß der Müller Sand unter das Schrot mischt, um das entwandte Korn dadurch dem Gewichte nach zu ersetzen. Dieser Betrag entdeckt sich überall sehr leicht: in der Bütte, worin das Korn eingemaischt wird; in der Rinne, worin die Maische aus der Bütte in die Blase befördert wird, und in der Blase selbst. Ueberall senkt sich der Sand vermöge seiner Schwere zu Boden, wo man ihn mit Augen sehen, mit Händen greifen kann. Des Müllers gewöhnliche Entschuldigung ist dann, daß der Sand von den neu geschärften Mühlsteinen herkomme. Wiegt man indeß den gefundenen Sand, nachdem er ausgewaschen ist, so kann man den Müller sehr leicht überführen, daß, wenn beim jedesmaligen Schärfen des Läufers ein solches Gewicht am Steine verloren gienge, er wenigstens alle halbe Jahre einen neuen Stein anschaffen müßte, da doch ein solcher Stein, 15 bis 16 Zoll dick, 6, 8, auch 10 Jahre lang brauchbar ist.

Hartes Korn und Malz dürfen nie zusammen geschrotet werden. Ersteres, welches vermöge der vom Schöpfer ihm gegebenen Hülle den Spiritus, den es enthält, weit fester verschließt, kann, ohne von seinen geistigen Theilen etwas zu verlieren, schon eine weit härtere Friktion ertragen, als das Malz. In letzterem sind bereits durch das Keimen die Verbindungen des Zuckerstoffes, des Mehles und der glutinösen oder klebrigen Bestandtheile im mindern Grade geschieden. Die Hülle ist von dem Keime durchbrochen, der Gehalt an Geist ist reger. Wollte man dies nun mit dem harten Korne zusammen schroten, so würde eine Erhitzung des letztern unvermeidlich, und Verlust an Geist die Folge davon seyn.

Man schrote also zuerst das Malz auf einer neu geschärften Mühle, und lasse den Stein, wenn man den Müller in seiner Gewalt hat, etwas höher, wie gewöhnlich, stellen, um nicht zu klares Schrot zu erhalten. Das harte Korn schrote man nachher, und sorge auch dafür, daß es weder zu mehlig noch zu grobkörnig werde; denn beide Extreme taugen nichts.

§. 16.

Vom Aufbewahren des Schrotes.

Das Schrot kann man nicht immer sogleich, wie man es braucht, von der Mühle bekommen. Oft muß wegen Entfernung der Mühle, wegen großer Wasserfluthen, wobei die Mühlen in Stillstand gerathen, und aus andern Ursachen, im voraus geschrotet werden. Wollte man nun diesen Vorrath in Säcken stehen lassen, oder in einer Kiste aufbewahren, so würde er sich erhitzen, mulstrig werden, Maden erzeugen und an Spiritus sehr verlieren. Wollte man ihn auf einen luftigen Boden schütten, so würde die Erfahrung lehren, daß das Korn, wenn es seiner äußern Hülle beraubt ist, an der Luft viel Krafttheile verliert. Man muß es daher in einer kühl liegenden, von aller Zugluft freien Kammer aufbewahren, und in der Mitte des Haufens, oder auch noch an mehrern Stellen, Hohlundersträuche, die es vor den Maden bewahren, einstecken; oder es täglich umstechen.

§. 17.
Vom Einmaischen und der dabei nöthigen Aufsicht und Kontrolle.

Da hier von einer Brandteweinbrennerei auf dem Lande die Rede ist, so muß auch der Umstand nicht aus der Acht gelassen werden, daß dies Geschäft nicht der einzige Gewerbszweig ist, worauf die Aufmerksamkeit des Verwalters oder Schreibers gerichtet seyn kann, und daß man die meiste Zeit des Tages über dem Brandteweinbrenner die ganze Besorgung allein anvertrauen muß. Es ist daher sehr nothwendig, diesen in allen Fällen genau zu kontrolliren.

Wollte man ihm das Schrot himten- oder scheffelweise zumessen, so würde er mancherlei Entschuldigungen vorbringen können, wenn er zu wenig Brandtewein daraus liefert. Das Korn (wird er sagen) war leichter, wie sonst u. s. w.

Man lasse ihn daher alles nach Pfunden verbrennen und wäge es ihm zu jeder Bütte genau zu.

Bevor der Brenner einbrennen kann, ist von den Aufsehern zu untersuchen, ob die Bütten rein und von aller Säure befreit sind. Das gewöhnliche Reinmachen der Brenner mit Wasser und einem stumpfen Besen ist nicht hinlänglich, um aus dem Holze die Säure, die von der vorigen vielleicht zu sauer gewordenen Maische darin geblieben ist, aufzulösen. Auch eine Handvoll Haferstroh in der Bütte angezündet, worüber man alsdann den Deckel legt, ändert an der Sache nichts. Nur durch eine kaustische oder ätzende Lauge, die sich mit der Säure im Holze zu verbinden fähig ist, und sie in ein Mittelsalz umwandelt, kann man es dahin bringen, daß nachher durch das Auswaschen mit kaltem Wasser, worin sich das nun entstandene Mittelsalz auflöst, die Bütte von aller Säure gereinigt werde.

Diese Lauge wird auf folgende Weise bereitet: Man kocht 15 Pfd. Büchenasche mit zwei Eimern Wasser bis zu einer braunen Lauge ein; schüttet dazu zwei Pfund lebendigen oder ungelöschten Kalk und vier Loth Pottasche. Mit dieser kaustischen Lauge werden die Bütten, nachdem sie vorläufig auf die gewöhnliche Art gereinigt worden sind, vermittelst eines dicken Pinsels an allen Theilen der inwendigen Seite bestrichen; und je nachdem mehr oder weniger Säure darin befindlich ist, muß dies ein, zwei oder drei Mal geschehen. Wenn Zugluft in der Brennerei gemacht werden kann, so wird nach Verlauf einer Stunde dieser Anstrich trocken seyn, und die innern Wände der Bütte nebst dem Boden werden weiß aussehen. Wäscht man sie nun mit einem Besen und kaltem Wasser sauber aus, so wird sie so frisch und neu riechen, als käme sie so eben aus des Faßbinders Hand.

Zum Einmaischen selbst ist kochendes und kaltes Wasser nöthig. Die erste Arbeit des Brenners besteht also früh Morgens darin, zu dem Nachgange, der vom vorigen Tage in der Weinblase zurückgeblieben ist, so viel kaltes Wasser hinzulaufen zu lassen, daß die Blase voll wird. Das Wasser muß jedoch nicht vom Kühlfasse genommen werden, sondern von dem zulaufenden reinen Wasser; weil das in jenem befindliche schleimig ist und auch schon durch das Erhitzen Bestandtheile verloren hat.

Während daß dies Wasser bis zum Kochpunkte gedeiht, trägt der Brenner das Schrot in den Säcken nach der Bütte, stellt solche entweder auf die Bank neben die Bütte, oder legt sie gleich unmittelbar auf den Rand der letztern, so, daß die zugebundene Oeffnung der Säcke nach dem Innern derselben gerichtet ist. Dann schafft er die Maischhölzer, Krücken und Rinnen zu dem kalten und warmen Wasser herbei.

Fängt inzwischen das Wasser in der Blase an sich etwas zu bewegen, so ist es die beste Zeit, Gebrauch davon zu machen; indem es beim wirklichen Kochen, vollends aber, wenn es lange Zeit kocht, sehr viel an seiner Güte verliert. Die Quantität und das gegenseitige Verhältniß des kalten und kochenden Wassers richtet sich theils nach der Jahreszeit, theils nach der größern oder geringern Pfundzahl des einzumaischenden Schrotes. Auf jedes Pfund davon gehöret 1 $\frac{1}{2}$ Pfund Wasser. Im Winter nehme man zwei Theile warmen und einen Theil kalten Wassers; in heißen Sommertagen umgekehrt; im Frühlinge und Herbste von jedem gleich viel.

Die Pfundzahl des Wassers muß man an der Schaupe, womit das Wasser aus der Blase geschöpft wird, bemerken, um zu wissen, wie viel Pfunde mit jeder Schaupe voll in die Rinne gegeben und nach der Bütte befördert werden. Die Uebung macht diese Berechnung leicht.

Ist die nach Maßgabe der Schrotpfundzahl abgemessene Quantität Wasser in der Bütte vorhanden, dann wird so schnell als möglich das einzubrennende Schrot hineingelassen. Zwei rüstige Knechte, die einander gegenüber sich stellen, ergreifen mit kräftiger Faust die Maischhölzer. Jeder fährt mit dem seinigen in die Mitte der Bütte, und schleudert von daher ihren Inhalt gegen sich nach den innern Wänden derselben hin. Dies

Umwühlen ist eine äusserst wichtige Procedur, wobei die Glieder nicht geschont werden dürfen. Es muss von beiden Seiten so lange ununterbrochen fortgesetzt werden, bis jedes Theilchen Schrot mit Wasser angefeuchtet ist. Keine Stelle auf dem Boden darf übrig bleiben, worüber nicht mit dem Maischholze hergefahren wäre.

Vorzüglich bei diesem Geschäfte ist Aufsicht nöthig, der eben erwähnten Wichtigkeit wegen. Der Aufseher muss die Arbeiter so lange zur Anstrengung aller ihrer Kräfte anhalten, bis er völlig überzeugt ist, dass vermöge des Umwühlens kein Klümpchen trockenes Schrot im Teige mehr vorhanden sey, weil dieses sonst auch bei der Gährung unaufgelöst bleibt, beim Abtreiben hernach in der Blase zu Boden fällt, daselbst verbrennt, das Kupfer spröde macht, und, wie oben schon erwähnt worden ist, viel Unheil in der Blase anrichtet. Auch der Brandtewein erhält dadurch einen so widrigen Geschmack, dass Niemand ihn trinken will, und er daher nicht verkauft werden kann.

Anmerk. Wenn man einen Brenner abschafft, so hat man nach dessen Abgange die Bütten genau zu untersuchen, ob er nicht etwa heimlich Seife in die Fugen geschmiert habe. Seife ist das Nachtheiligste bei dem Brennen und Brauen. Eben deshalb dürfen die Filtrirtücher nicht mit Seife und Wasser, sondern sie müssen blos mit reinem Wasser gereinigt werden. Wie nachtheilig auch das geringste Bißchen Seife bei dem Brennen wirke, davon mag folgende von mir gemachte Erfahrung den Beweis liefern.

Ich legte vor mehrern Jahren auf dem gräflichen von Walmoden-Gimbornschen Gute Heinde, im Fürstenthum Hildesheim, eine ganz neue Brandteweinbrennerei an. Durch einen Röhrengang, wodurch ich das Wasser auf die Kühlfässer leiten konnte, und durch das Graben eines Brunnens, welcher ein gutes, recht kaltes Quellwasser gab, bekam ich — da noch ein Teichwasser, welches die nahe gelegene Bierbrauerei versah, auch im Brennhause benutzt werden konnte — dreierlei Wasser zu meiner Disposition. Da nun die Beendigung des Röhrenganges durch einen Prozeß mit der Gemeinde aufgehalten wurde, und die schon fertige Brandteweinbrennerei in Thätigkeit gesetzt werden mußte: so ließ ich mit dem Teichwasser, als dem wärmern, einbrennen, und mit dem weit kältern Brunnenwasser abkühlen.

Das Gut gohr in der Bütte nach Wunsch; aber nicht sobald erreichte es auf der Läuterblase den Kochpunkt, als auch die Maische durchschoß. Kaum war ich im Stande, den Helm fest zu halten, der jeden Augenblick von der Blase abgeworfen zu werden, Gefahr lief.

Die Verminderung des Luftzuges half nichts. Ich mußte durch Verschließung der Klappen vor den Luftzügen das Feuer fast ganz dämpfen, und nun hörte der Läuter auf zu fließen. Gab ich aufs neue Luft, so schoß auch gleich die Maische wieder durch.

Da es mir mit der zweiten Bütte gerade eben so ging, so kam ich auf die Vermuthung, daß es am Korne läge. Ich nahm also anderes; aber es blieb beim Alten, und ich ward durch die nämlichen Zufälle in neue Verlegenheit gesetzt.

Nun wechselte ich das Wasser, und ließ mit dem Brunnenwasser einmaischen. Da bemerkte ich, zu meiner großen Freude, daß meine Verlegenheit auf einmal ein Ende hatte, und daß der Läuter, ohne durchzuschießen, bei starkem Feuer zur Vorlage kam.

Dem Uebel war also dadurch abgeholfen, und ich wußte nun bestimmt, daß die Schuld an dem Teichwasser gelegen hatte. Aber der Grund war noch nicht ausfündig gemacht, warum dies Wasser die Maische zum Durchschießen brachte.

Der neue Röhrengang wurde aus einem vor dem Dorfe belegenen Teiche hergeleitet, der sich durch einen Bach in den kleinen Teich auf dem Hofe, woher das untaugliche Wasser genommen war, ergoß. Es war also ein scheinbarer Grund vorhanden, zu befürchten, daß auch jenes Röhrenwasser nicht zum Einbrennen würde gebraucht werden können, weil es mit dem auf dem Hofe von gleicher Güte war. Gleich nach vollendeter

Wasserleitung versuchte ich mit diesem neuen Wasser das Einbrennen. Ich war dabei voller Furcht und banger Erwartung; aber der Versuch mußte gewagt werden, weil ich noch nicht ganz gewiß wußte, ob mein neu gegrabener Brunnen zu allen Jahreszeiten hinlängliches Wasser behalten würde, und ich im entgegengesetzten Falle in die größte Verlegenheit kommen konnte.

Zu meiner nicht geringen Freude ging aber das Ablåutern des mit diesem Wasser eingemaischten Getreides, ohne neue Unfälle, gut und ruhig von statten.

Jetzt ward es mir noch unbegreiflicher, was doch wohl der Brauchbarkeit des Wassers im kleinen Teiche auf dem Hofe hinderlich seyn möchte.

Bloß durch den Zufall, der so Vieles an das Tageslicht bringt, was kein absichtliches Forschen und Nachdenken zu ergründen vermochte, kam ich endlich hinter den wahren Grund. Einige Waschweiber waren es, die mir Auskunft und Belehrung darüber verschafften.

Ich stand nämlich eines Tages in einem kleinen Garten, der an jenen Teich stieß, und sah einigen Weibern zu, die ihre mit Seife gewaschenen Hemden u. s. w. hier abspülten. Auf meine Frage, ob sie denn diesen Teich immer zum Abspülen ihrer Wäsche benutzten, erfolgte die Antwort, dieses Wasser sey ganz besonders brauchbar dazu. Eben darum werde auch der Teich zu gleichem Behufe von den meisten Weibern des Dorfes täglich benutzt.

In dem Augenblicke fiel es mir von den Augen, wie Schuppen. Ich sah nun ein, daß die Seife, die durch das Abspülen der Wäsche in das Wasser kam, die wahre Ursache jener Erscheinung gewesen sey. Ich lernte zugleich einsehen, daß man vor der Seife bei der Brandteweinbrennerei weit mehr noch sich zu fürchten und in Acht zu nehmen Ursache habe, als beim Bierbrauen. Denn gebraut hatte man aus diesem Teiche schon viele Jahre lang, ohne den geringsten Nachtheil davon zu verspüren; da doch sonst auch bei diesem Geschäfte die Gährung nicht zu Stande kommt und das Bier nicht genießbar wird, wenn auch nur ein kleines Stückchen Seife in die Bottige sich verirrt.

§. 18.

Vom Abbrennen der Maische.

Das Abbrennen der Maische erfolgt, wenn der Teig, nach der obgedachten Bearbeitung desselben, eine halbe Stunde gestanden hat. Während der ersten Procedur ist die Blase wieder voll gegeben, das Feuer angefacht, und das Wasser muß auf diesen Zeitpunkt wieder kochen. Man läßt es alsdann auf den Teig. Die Maischhölzer werden aufs Neue in Thätigkeit gesetzt und das Gut beständig damit umgewühlt. Eine gewisse

Quantität Wasser läßt sich hier nicht bestimmen, weil die eine Kornart schärfer, die andere gelinder abgebrannt seyn will. Nur wenn die Maische das weiße Ansehen verliert, braun und schleimig wird, und süßlich schmeckt; wenn beim Aufheben der Maischkrücke, die nun auch an die Reihe kommt und zum nochmaligen Durchrühren gebraucht wird, die Maische schnell von ihr herabrinnt, jedoch hier und da Spuren von Schrot zurückläßt, ist das Abbrennen zweckmäßig vollendet. Im entgegengesetzten Falle muß noch mehr kochendes Wasser zugelassen werden.

In diesem Zustande bleibt nun die Maische so lange stehen, bis sie sich so weit abgekühlt hat, daß der nachherige Zusatz von kaltem Wasser sie gerade stellrecht macht, wobei sie jedoch alle Viertelstunden tüchtig durchgekrückt werden muß. Die Maische ist stellrecht, wenn sie sich bis auf 22 $\frac{1}{2}$ Grad Reaumür abgekühlt hat. Ueber diesen Zeitpunkt, da das kalte Wasser zugelassen werden muß, kann bloß Erfahrung und Uebung entscheiden, wobei denn immer auf den größern oder geringern Grad der Kälte des Wassers, mit dem man abkühlen will, Rücksicht genommen werden muß. Beim Stellen muß die Maische dem Gefühle nach nur so warm noch seyn, wie frisch gemolkene Milch. Nimmt man dies Wasser aus einem Brunnen, so ist seine Temperatur fast zu jeder Jahreszeit gleich. Muß man Flußwasser nehmen, dann gehören aufmerksame Versuche dazu, den rechten Punkt zu treffen. Gewöhnlich hilft sich der empirische Brenner auf folgende Art: er macht sich in der Bütte ein Zeichen, welches gerade ein, zwei oder drei Blasen voll Flüssigkeit anzeigt, und läßt nun so lange kaltes Wasser hinzulaufen, bis er dies Zeichen erreicht hat. Kühlt sich hierdurch das Gut noch nicht genugsam ab, so läßt er die Bütte offen und so lange stehen, bis es sich durch die Luft hinlänglich und bis zum Stellgrade abgekühlt hat. Dies taugt indeß nichts, und der Gest muß gleich beim Abkühlen hinzugesetzt werden, weil sich sonst das Wasser zu sehr und zu innig mit den Schrottheilchen verbindet, und der Gest nachher nicht genug Berührungspunkte findet. Ist die Bütte abgekühlt, so folgt das Anstellen, welches, wenn es zu warm geschieht, eine zu stürmische und nachtheilige Gährung hervorbringt. Geschieht es dagegen zu kalt, so bleibt die Gährung schwach; die Scheidung der Korntheile wird durch selbige nicht genug bewirkt; die unvollkommene Gährung verursacht Brand in der Blase, und giebt weniger Spiritus.

Anmerk. Ob sich die Maische bis auf 22½ Grad Reaumür abgekühlt habe, wird am besten durch den Thermometer erprobt. Wollte man nun hiezu einen gewöhnlichen Thermometer mit papierner Scala nehmen, so würde das Papier bald zusammenschrumpfen, oder sich ablösen.

Man muß also dazu einen Thermometer mit einer messingenen Scala nehmen. Die Thermometer mit der gläsernen Hülle, sind zu zerbrechlich und da die Brenner und ihre Gehülfen meistens zu unvorsichtig sind, so muß man bei dem Thermometer mit der messingenen Scala die Glasröhre so tief legen lassen, daß die untere Glaskugel an solcher mit bedeckt und gegen das Zerbrechen gesichert sey.

§. 19.

Vom Stellen, Anstellen der Maische und der Bereitung eines guten künstlichen Hefens, so wie von den Kennzeichen einer vollendeten Gährung.

Das Anstellen geschieht entweder durch Bierhefen oder durch selbst gemachten Gest. Könnte man Bierhefen immer frisch haben, so würde diesen unstreitig der Vorzug gebühren. Da man aber mehrentheils mit schon gesäuerten Hefen anstellen muß, welches dem Gute nachtheilig ist und die Gährung hindert, so sind selbst gemachte künstliche Hefen vorzuziehen. Die Zubereitungsarten eines solchen Gestes sind unzählig, und wem damit gedient ist, der kann ein ganzes Heer von Recepten in Neuenhahns Brennerei, Thl. II. S. 38 — 108, vorfinden. Die zweckmäßigsten Hefen, die auch am leichtesten zu machen sind, erhält man auf folgende Art:

Man nehme 1 Himten guten Hopfen, koche ihn mit 28 Eimern (à 12 Quart) Wasser 2 Stunden lang; aber nicht in der Blase, die dadurch verdirbt, sondern in einem Kessel. Man säubere hierauf das Wasser vom Hopfen, brenne damit einen Himten geschrotetes Malz gehörig ein und lasse den übrig bleibenden Theil bis zum Stellgrade sich abkühlen. Indem man ihn alsdann noch zu der Masse hinzufügt, schütte man 10 bis 12 Quart guten Biergest hinzu, und lasse das Ganze in einer besonders dazu gemachten Bütte gähren, die mit einem Deckel versehen seyn und ungefähr 36 Eimer halten muß. Wenn diese Gährung meistens vollendet ist, leistet diese Masse vollkommen alle Dienste des Gestes. Vermöge des Hopfens, der die Hefen vor der Säure schützt, halten sie sich im Sommer zehn Tage lang, im Winter noch ungleich länger. Man giebt davon in die abgekühlte Bütte, wenn der Thermometer noch 20½ Grad hat, zwei Eimer voll; krückt alles tüchtig durch einander, und läßt es eine halbe oder dreiviertel Stunden stehen, ohne den Deckel aufzulegen. Da die kohlensaure Luft eine wichtige Rolle beim Gährungsgeschäfte spielt, so ist es darum nicht gut, die Bütten gleich zuzudecken, weil die Masse immer noch des eben gedachten Bestandtheiles benöthigt ist, und diesem also nicht der Zutritt versperrt werden darf. Erst wenn das Gut oben in der Bütte anfängt weiß zu werden, ist es Zeit, den Deckel aufzulegen, weil sonst zu viel kohlensaure

Luft hinzutreten und die Gährung hemmen würde. Da sich indeß während der Gährung unter dem Deckel eine große Menge dieser Luft entwickelt, so muß entweder, wie schon bemerkt worden ist, eine Luftröhre im Deckel seyn, oder man läßt diesen Deckel, welcher auf jeder Bütte aus zwei Theilen besteht, in der Mitte nicht ganz genau an einander stoßen, um hier die überflüssige, der Gährung nachtheilige Luft dieser Art entweichen zu lassen.

Ob der Inhalt der Bütte gut gähre, ergiebt sich daraus, wenn auf der Oberfläche ein beständiges Gewühl von Schrot in lauter Wellen zu sehen ist; wobei immer neue Schrottheile heraufgebracht und andere dafür hinunter gedrängt werden. Die Maische muß, wenn man den Deckel auf der einen Seite aufhebt, einen unerträglich stechenden aromatischen Geruch haben.

Sieht man endlich, daß keine Blasen mehr aufsteigen; daß das Schrot sich zu Boden gesenkt hat; daß die oben befindliche Flüssigkeit klar ist, und einen angenehmen, weinsäuerlichen Geschmack hat: so ist dies das sichere Merkmal einer vollendeten guten Gährung, und man kann sodann in der Regel die Maische abtreiben; obgleich man diese Zeit des Abtreibens nicht immer genau treffen kann, da selbige sich auch darnach richtet, wenn die Läuterblase leer ist. Oft muß man daher die Maische zu früh, wenn sie noch nicht ausgegohren hat, abtreiben; oft aber auch zu spät, wenn schon ein essigsaurer Geschmack sich hervorthut. Da letzteres weit nachtheiliger ist, als das erstere, so muss man lieber etwas früher einbrennen, und der Bütte die volle Zeit, das heisst, drei Tage, zum Zeitigwerden gönnen.

Zweite Abtheilung.

Von den Kartoffeln und deren Behandlung bis sie, als flücke, auf die Blase gebracht werden können.

§. 20.

Von der Zubereitung der Kartoffeln, um Brandtewein daraus zu brennen.

Die erste Procedur der Kartoffeln, woraus man Brandtewein brennen will, ist die: daß man sie durchs Waschen von allen Unreinigkeiten zu befreien sucht. Hiernächst muß man vor allen Dingen die trockne Substanz derselben in Anschlag bringen. Diese ist, nach J. Friedr. Dorns Erfahrung (S. dessen Anleitung zur Bierbrauerei und Brandteweinbrennerei §. 65.) bei einem Berliner oder Hildesheimischen Scheffel, der etwa 100 Pfd. wägt, im Durchschnitt 25 Pfd. beträgt, indem bei dem Austrocknen derselben 75 Pfd. Wassertheile entweichen.

Die gereinigten Kartoffeln werden durch das Kochen zur nöthigen Verkleinerung vorbereitet. Das Kochen geschieht entweder mit Wasser, oder besser mit Wasserdämpfen, so lange bis sie gahr sind und zerplatzen.

Will man die Kartoffeln mit Dämpfen kochen, so füllt man sie in ein hohes Faß, etwa in ein Oxhoft, leitet, durch eine am Helme der Blase angebrachte Röhre, den Dampf der eben abgelutterten Blase in eine, am Boden des Fasses gemachte runde Oeffnung, in welche das Ende der Röhre genau paßt, deckt das Faß dicht zu und setzet die Blase wieder ins Kochen, und zwar so lange, bis die durch die Röhre in das Faß dringenden Wasserdämpfe die darin befindlichen Kartoffeln ganz durchdringen und völlig gahr kochen, welches in wenigen Minuten geschieht.

Hierauf werden die gekochten Kartoffeln, nachdem sie erkaltet sind, mittelst einer hölzernen Walze, oder einer Stampfe, zu Brei zerquetscht, der nun zum An- oder Einmaischen vorbereitet ist.

Das Kochen der Kartoffeln mit Wasser, geschieht auf die gewöhnliche Art, in großen eingemauerten Kesseln, ist aber bei weitem so gut nicht.

§. 21.

Vom Einmaischen des Kartoffelbreies.

Um den Kartoffelbrei einzumaischen, wird ihm eine verhältnißmäßige Menge Schrot von roher, oder auch von gemalzter Gerste zugesetzet, auf 100 Pf. Kartoffelbrei 4 Pfd. Schrot, und nun geschieht das Einteigen und das Einmaischen mit einer solchen Quantität Wassers, daß gegen einen Theil der trocknen Masse der Kartoffeln und des Schrots zusammengenommen neun Theile Wassers kommen.

Wie viele Theile vom Wasser und wie viele von der gemischten Masse genommen werden müssen, wird folgende Darlegung ergeben.

Wenn man z. B. 4 Scheffel Kartoffeln, jeden zu 100 Pfd., mit einem Male im Wasser gekocht und nach dem Kochen zermalmt hat, so enthalten diese, nach dem Obigen

	1.	an trockner Substanz	100 Pfd.	
	2.	an natürlicher Feuchtigkeit . .	300 =	und
da sie	3.	bei dem Kochen im Wasser noch 20 p C. einnehmen, so haben die 4 Scheffel eingenommen . .	80 =	
		Summa	480 Pfd.	

Zieht man hiervon die 100 Pf. trockner Substanz ab, so bleiben an Feuchtigkeit übrig 380 Pfd. welche zusammen genommen, nach Berliner Quart, jedes zu $2\frac{1}{2}$ Pfd. Wasser gerechnet, 152 Quart betragen.

Um nun diese aus mit Wasser gekochten Kartoffeln entstandene Masse einzuteigen, muß man derselben erst zuvor die 4 p. C. Schrot zusetzen, also zu dem Ganzen von 4 Scheffel 16 Pfd., giebt 116 Pfd trockner Substanz und dann — weil nach der Regel 9 Theile Wassers gegen 1 Theil trockner Substanz kommen sollen — 173 Pfd. Wasser (69 1/5 Quart) Wasser hinzu, welches bis auf 60 Grad Reaumür erhitzt ist, und arbeitet dann alles mit dem Rührscheite recht genau durch einander, bis überall kein Klumpen mehr in der Masse zu finden ist.

Der Zusatz vom Getreideschrote ist zwar nicht unumgänglich nöthig, um Brandtewein aus den Kartoffeln zu erzielen; es hat jedoch die Erfahrung gelehrt, daß ein geringer Zusatz desselben die Gährung des Gutes sehr befördere und erleichtere, und daß es vollkommen hinreichend sey, vom Schrote den sechsten Theil dessen anzuwenden, was die trockne Substanz der Kartoffeln am Gewicht beträgt, oder etwa 4 p. C.

Um nun aber die Versetzung des Schrotes mit dem Kartoffelbreie zu erwirken, verfährt man also:

Man wägt 16 Pfd. Gersteschrot genau ab, streuet solches überall über den Kartoffelbrei, oder den Teig von 4 Scheffel Kartoffeln, her, und rührt es dann mit den Rührscheiten unter den

Brei, bis alles von der Feuchtigkeit vollkommen durchdrungen ist.

Zum Behuf der Einmaischung der obigen Masse setzet man derselben jetzo noch 197 Pfd. ($78\frac{4}{5}$ Quart) siedendheißes Wasser zu und arbeitet alles wohl durch einander, bis ein dicker Brei, oder eine dicke Schlämme daraus wird. Diese wird nun noch mit 293 Pfd. Wasser ($117\frac{1}{5}$ Quart) von 12 bis 15 Grad Reaumür stellrecht gemacht und es wird wieder alles unter einander gearbeitet.

1te Anmerk. Bei in Dämpfen gekochten Kartoffeln entsteht keine Zunahme am Gewichte, folglich müssen der daraus gewonnenen und mit 4 p. C. Schrot vermehrten Masse 253 Pfd. oder $101\frac{1}{5}$ Quart Wassers an Statt der 173 Pfd. oder $69\frac{1}{5}$ Quart Wassers hinzugesetzet werden.

2te Anmerk. Herr Dorn, (dessen Abhandlung sich, nach Erprobung eines meiner Nachbarn, als völlig richtig und praktisch anwendbar ergeben hat und die ich also auch bei dem Obigen benutzet habe,) giebt im 75sten §. dieser Abhandlung über Brandteweinbrennerei folgende Uebersicht der Operation des Maischens an:

1. 4 Schfl. rohe Kartoffeln enthalten an trockener Substanz, zu 25 p. C. gerechnet .	100 Pfd.
2. Gerstenschrot à 4 p. C. (NB. auf 100 Pfd. rohe Kartoffeln) hinzu . . .	16 =
Summa	116 Pfd.

An Feuchtigkeit ist hinzugekommen

1. 75 p. C. natürliche Feuchtigkeit der Kartoffeln, beträgt für 4 Scheffel	300 Pfd.	= 120 Quart.
2. Zum Einteigen = Wasser von 40 Grad Reaumür	240 =	= 96 =
3. Wasser zum Anmaischen von 80 Grad Reaum.	184 =	= $73\frac{3}{5}$ =
4. Wasser zum Stellrechtmachen der Maische von 12 —15 Gr. R.	280 =	= 112 =
Summa	1004 Pfd.	= $401\frac{3}{5}$ Quart.

wobei also für einen Theil trockner Substanz neun Theile Feuchtigkeit zu stehen kommen; ein Verhältniß, wobei die Maische weder zu dick noch zu dünn wird, regelmäßig gährt und im Blasenkessel nicht leicht anbrennt. Es ist hiebei aber ein Fehler von 40 Pfd.;

denn auf 116 Pf. trockne Substanz gehören, nach dem von ihm angenommenen und richtig befundenen Grundsatze, nicht 1004, sondern 1044 Pfd. Wasser. Ich habe daher im Texte die richtigern Verhältnisse, nämlich 300 Pfd., 253 Pf., 197 Pfd. und 293 Pfd. angenommen.

§. 22.

Vom Stellen der Kartoffel-Maische.

Das Anstellen oder in Gährung-Setzen der Kartoffel-Maische geschieht auf die nämliche Art, wie bei der Korn-Maische, mit Bierhefen, oder mit künstlichen Hefen, nur mit folgendem Unterschiede. Man läßt die Kartoffel-Maische sich bis auf 18 Grad Reaumür abkühlen, jedoch schadet es auch nicht, wenn sie sich bis auf 15 Grad abkühlt; wofern nur der Raum, in dem die Gährung vor sich geht, eine Temperatur von 15 Grad, und nicht unter 10 Grad, besitzet. Auf die Maische von jedem Scheffel Kartoffeln nimmt man 1 Berliner Quart, oder $1\frac{1}{3}$ Braunschw. Quart Hefen.

1te Anmerk. Ganz auf die nämliche Art, wie bei den Kartoffeln gezeigt ist, verfährt man auch bei dem Einmaischen und Stellen der Runkelrüben und Mohrrüben, welche ohngefähr 80 pro Cent Feuchtigkeit enthalten. Nur ist wohl zu merken, daß der Runkelrüben-Brandtewein allemahl durch Kohle von seinem rübenartigen Geruche und Geschmacke gereinigt werden müsse.

2te Anmerk. Das Gähren, Läutern und Weinen oder Weinmachen bei den Kartoffeln u. s. w. geschicht auf die nämliche Art, wie bei dem Kornbrandteweine, folglich kann von beiden unter eins gehandelt werden.

3te Anmerk. Aus einem Scheffel Kartoffeln erhält man, mit Ausschluß des Schrotes, bei gehöriger Manipulation, ohngefähr 6 Berliner Quart Brandtewein von 30 p. C. Alcohol, wie die Proben ergeben haben.

Dritter Abschnitt.
Vom Brandteweinbrennen selbst.

Erste Abtheilung.
Vom Abtreiben des Läuters, (Lutters).

§. 23.
Vom Füllen der Blase und dem, was dabei zu beobachten ist.

Wenn die nun tüchtig ausgegohrne Maische durch Rinnen auf die Blase geleitet werden soll, so muß der eine Arbeiter sie mit der Krücke beständig durchrühren, während der andere sie mit einem Eimer ausfüllt und in die Rinne gießt; denn sonst würde, wenn mehrere Blasen aus einer Bütte gefüllt würden, die letztere zu viel dickes Schrot erhalten und es würde Brand entstehen. Jede Rinne, durch welche man die Maische nach der Blase führt, muß da, wo letztere eingegossen wird, einen abgenutzten Reisigbesen enthalten, damit beim Eingießen, welches schnell und taktmäßig geschieht, nichts übersprühe und in die Bütte zurücklaufe, wodurch Zeit und Arbeit verlängert wird. Die Blase muß vorher mit geklopften Backsteinen ausgescheuert und gereinigt worden seyn. Uebrigens darf die kalte Maische nicht so unmittelbar in die Blase gelassen werden; da letztere von dem vorigen Läuter noch heiß ist, und die dadurch entstehende Gefahr, daß der Boden platzen könnte, desto größer dadurch wird, weil man schon vor dem Einlassen der Maische stark untergefeuert und alle Zuglöcher geöffnet haben muß. Man gießt also zuvor einige Schaupen voll von dem auf dem Kühlfasse warm gewordenen Wasser hinein, und dann erst kann man ohne Gefahr die kältere Maische nachfolgen lassen.

Die Blase darf nicht ganz voll gefüllt werden, und die Maische nur so hoch darin stehen, daß über letztere noch neun Zoll Raum (vom Blasenhalse ab gerechnet) übrig bleibe. Die Maische würde sonst zu leicht in den Helm treten und durchschießen.

§. 24.

Von der Lenkung des Feuers, nachdem die Blase gefüllt worden, und der Behandlung der Maische, bis zum wirklichen Uebertreiben.

Sobald die Blase gefüllt ist, wird das Feuer immer mehr und mehr in Nahrung und Thätigkeit gesetzt, und bis zum Kochpunkte muß ein Knecht mit einem Eisen, woran ein langer Stiel (Rüde genannt) befindlich ist, unablässig auf dem Boden herumrühren, damit das Schrot sich nicht am Boden ansetze, sich verkohle und Brand veranlasse. Dies Rühren kann immer noch ohne Bedeckung der Blasen geschehen, da vor dem Kochpunkte der Spiritus nicht zu steigen anfängt. Sobald aber Blasen sich zeigen und man eine Bewegung in der Maische gewahr wird, welches ungefähr nach 1½ Stunden und bei den flachen Blasen nach ½ Stunde sich ereignet, so ist es dann Zeit, den Helm aufzusetzen.

§. 25.

Von dem vorsichtigen Lutiren, oder Verkleben des Helms und seines Schnabels.

Sobald der Helm auf die Blase gesetzet ist, muß er eben sowohl da, wo er in die Blase, als auch da, wo sein Schnabel in die Schlange tritt, tüchtig verstrichen werden; zu welchem letztern Behufe guter bindender Lehm die besten Dienste thut, wenn derselbe bei der Hand ist; sonst nimmt man aber auch wohl das feinere mehligte Schrot, welches man mit Wasser anfeuchtet. Nicht allein tüchtig (wie gesagt) und sorgfältig muß dies Verschmieren geschehen, damit keine Stelle offen bleibe, durch welche Spiritus verfliegen könne, sondern es muß auch, wenn der Läuter schon halb abgetrieben ist, nochmals untersucht werden, ob Risse in dem Anstriche entstanden sind, welche man dann sorgfältig wieder zuschmieren muß.

§. 26.
Vom wirklichen Angehen der Blase, woran man es erkenne und was man dann zu beobachten habe.

Das wirkliche Angehen der Blase, oder der Zeitpunkt, da der Läuter durch die Schlange in die Vorlage zu laufen anfängt, wird durch das Gefühl wahrgenommen. Man legt nämlich die Hand an den Schnabel des Helms, welche Stelle brennend heiß wird, wenn der Geist, der in Dunstgestalt bis zum Helme steigt, nun, in Tropfen umgewandelt, durch sie rinnt. Dieser Zeitpunkt muß wohl in Acht genommen, und das Feuer sofort durch das Zumachen der Klappen gedämpft werden, weil sonst die Maische durchschießt. Noch ehe dieser Zeitpunkt eintritt, muß bereits eine reine Vorlage in der Läutergruft liegen, und ein Trichter darauf stehen, welcher mit einem Läutertuche versehen ist. Sobald der Läuter, der ungefähr nur einen Pfeifenstiel dick seyn darf, in die Vorlage läuft, werden die Klappen wieder so weit geöffnet, daß dieser Lauf seinen, zwar nicht stärkern, aber doch auch nicht schwächern Fortgang ungestört behalten kann.

Anmerk. Sind in einer Bütte 11 Himten Korn eingemaischt, und treibt man daraus, nach der alten Methode, zwei Läuterblasen voll, ab, so kommen folglich auf jede Läuterblase $5\frac{1}{2}$ Himten Korn und diese brauchen vom Eingeben an 6 Stunden Zeit, bis der Läuter herunter ist. Treibt man hingegen eine nach der neuesten Methode eingerichtete Blase in 24 Stunden 12 mal ab, so braucht man nur eine Läuterblase von $\frac{1}{3}$ des Inhalts der oben angenommenen Blase. Hiebei kommen also auf jede Blase $1\frac{5}{6}$ Himten Korn und diese erfordern zum Abtreiben nur 2 Stunden Zeit — hier erhält man also durch 12 maliges Abtreiben, der kleinen Blase, in 24 Stunden eben so viel Läuter, als bei der großen Blase durch das 4 malige Abtreiben, welches da, wo ein starker Blasen-Zins eingeführt ist, seinen großen Nutzen hat; indem dieser nach dem Inhalte der Blase auf 24 Stunden berechnet wird. Dann kann man ohne Bedenken aus einer Bütte 2 Blasen füllen. Noch haben die flachen Blasen deshalb den Vorzug, weil sie mit weniger Feuerung geheizt werden können; indem hier die Wärme leichter bis oben hin durchdringt, als bei einer Blase mit hohem Rande.

§. 27.

Woran man erproben könne, ob noch Geist oder Spiritus in der Blase sey und übergehe.

Ob noch Spiritus in der Blase vorhanden sey, oder nicht, erfährt man durch mehrere Versuche. Ein Mal durch den Geschmack: ob nämlich die

Zunge noch immer etwas dadurch geprickelt wird. Dieser Versuch ist jedoch trüglich, wenn er von einem Schmecker angestellt wird, der schon stärkern Brandtewein genossen hat. Ein zweiter Versuch geschicht vermittelst eines blechernen Probierlöffels. Diesen läßt man voll laufen, erhitzt ihn über der Lampe, und sieht dann zu, ob der Läuter, wenn man ihn anzuzünden versucht, wirklich noch Feuer fange, und es eine kleine Zeit lang unterhalte. Ereignet sich diese Erscheinung wirklich, so ist noch Spiritus darin enthalten, und man muß mit dem Abtreiben immer noch fortfahren. Sollten die Tonnen bereits voll seyn, so muß man ein anderes Gefäß nehmen und darein noch einige Stübchen laufen lassen.

Neuenhahn, welcher diese Versuche ebenfalls lehrt, fügt noch ein drittes Verfahren hinzu, wodurch man auch ohne Probierlöffel sich die benöthigte Auskunft verschaffen kann. Man nimmt nämlich ein Glas voll Läuter, gießt den Inhalt über den Helm und hält schnell die Flamme der Lampe daran, wodurch der Läuter gleichfalls zu brennen anfängt, wenn noch Geist darin enthalten ist.

Zweite Abtheilung.

Von der Weinblase und dem Weinen oder Weinmachen.

§. 28.

Die Größe der Weinblase wird angegeben.

Wie groß die Weinblase seyn müsse, wird nach der Größe der Läuterblase bestimmt. Bei der von mir angelegten Brennerei hielt die Läuterblase 70 und die Weinblase 50 Eimer, man kann aber ohne Bedenken annehmen, daß sich die Größe oder der Inhalt der Weinblase gegen die Größe der Läuterblase verhalten müsse, wie 2 zu 3, oder, daß die Läuterblase um $\frac{1}{3}$ größer seyn müsse, als die Weinblase. Faßt die Läuterblase z. B. 30 Eimer, so braucht die Weinblase nur 20 Eimer zu fassen u. s. w.

§. 29.

Von dem Weinen oder dem Halbwein-Machen.

Bei dem Abtreiben des Läuters ist die zuerst abgetriebene Hälfte einer Blase stärker als die 2te.

Diesen schwächeren Läuter bringt man nun auf die Weinblase und macht daraus so genannten Halbwein; indem man den schwachen Läuter überdestillirt. Bei dieser Destillation setzet man aber den Helm gleich auf, wenn die Blase hinlänglich gefüllet ist, weil es hier keines Rührens mehr bedarf; indem kein Schrot mehr in die Blase kommt.

Da aber in diesem Läuter der Spiritus schon von Phlegma ziemlich geschieden ist, so darf der Läuter nicht mit gleicher Schnelligkeit abgetrieben werden, womit vorhin der Läuter aus der Maische abgetrieben wurde. Es muß also das Feuer darnach regiert werden. Der übergetriebene Geist darf nur etwa in der Dicke eines starken Strohhalmes ablaufen. Auch darf er nicht warm in die Vorlage kommen. Dieserhalb muß sorgfältig auf die beständige Unterhaltung des kalten Wassers im Kühlfasse Bedacht genommen werden.

Aus der Erfahrung ergiebt sich zwar bald, wie lange man diesen abermals abgetriebenen Läuter, der jetzt den Namen halber Wein bekommt, laufen lassen müsse. Um indeß gleich das erste Mal das Verhältniß zu treffen, bemerke man, was Neuenhahn im zweiten Bande, S. 194, hierüber angiebt, nämlich:

5 ℔ Getreide geben 4 ℔ halben Wein, folglich
170 ℔ — — 136 ℔ — —

560 ℔ Getreide geben 448 ℔ halben Wein,
800 ℔ — — — 640 ℔ — —

Nach diesem Verhältnisse wie 5 zu 4 (sagt Neuenhahn) wird man an allen Orten durch die Regeldetri leicht ausmitteln können, wie viel halben Wein man in dem Flüssigkeitsmaße seines Orts aus einer gegebenen Quantität Getreide destilliren muß, wenn man weiß, wie viel das respektive Gemäß an Wasser wiegt. Zum Beispiel:

1 Dresdener Kanne wiegt 2 Pfd.

1 Berliner Quart — $2\frac{2}{5}$ Pfd. rein abdestillirtes Wasser; so muß man also von 800 Pfd. Getreide 320 Dresdener Kannen, oder $266\frac{2}{3}$ Berl. Quart, halben Wein destilliren. Auch bei dem Läuter giebt es eine Proportion. Man muß nämlich den fünften Theil $1\frac{1}{5}$ dessen an Gewicht abdestilliren, was die Maische wog. Wenn sich demnach in der Blase 200 Pfd. Getreide befinden, so destillirt man davon 320 Pfd. Läuter ab. Hält die Blase 132 Pfd. Getreide, so destillirt man davon 200 Pf. Läuter, oder 25 Stübchen, mehr oder weniger; denn auf eine ganz strenge mathematische Genauigkeit kommt es hier nicht an. Im Allgemeinen ist das Verhältniß hier anzunehmen wie 5 zu 8, das heißt, aus 5 Pfd. eingemaischten Getreides müssen 8 Pfd. Läuter hervorgehen. Demnach geben 200 Pfd. eingemaischtes Getreide 160 Dresdener Kannen oder $133\frac{1}{3}$ Berliner Quart Läuter.

Dritte Abtheilung.

Vom Brandteweinmachen.

§. 30.

Wie man aus dem stärkern Läuter und dem Halbweine Brandtewein mache und wie dabei zu verfahren sey.

Da man bei der ersten Abtreibung des Läuters aus der Maische von jeder Blase voll zwei Tonnen des stärkern, und bei Verfertigung des halben Weines, oder bei der zweiten Destillation, nur die Tonnen des schwächern Läuters nimmt: so wird dieser sogenannte halbe Wein mit den stärkern Tonnen des ersten Läuters nochmals auf gleiche Weise abgetrieben, um den endlichen Zweck, nämlich einen trinkbaren, sehr hellen und jede Probe aushaltenden Brandtewein zu gewinnen, der, um die chemische Probe zu bestehen, zwei Drittel Alcohol und ein Drittel Phlegma enthalten muß. Bei dieser Vollendung des Destillations-Prozesses wird gerade eben so verfahren, wie bei der Fabricirung des halben Weines, ausgenommen: erstlich, daß (weil hier der Spiritus schon mit weit wenigerm Phlegma verbunden, und also flüchtiger ist) die Feuerung aus eben diesem Grunde etwas schwächer seyn muß; zweitens muß jeßt der Helm gleich aufgeseßt werden, sobald die Masse in der Blase ist, weil so wenig hier als bei der Zubereitung des halben Weins ein Umrühren in der Blase Statt findet, indem kein Schrot mit hineinkommt, und folglich auch kein Brand entstehen kann.

§. 31.
Wie man erproben könne, ob der gewonnene Brandtewein die erforderliche Stärke habe und probehaltig sey.

Sobald die Vorlage mit Brandtewein gefüllt ist, muß der Brenner sie zum Waarenlager abliefern. Bevor man sie ihm aber abnimmt, muß zweierlei untersucht werden: ob der Brandtewein in gehöriger Quantität vorhanden sey, und ob er auch den gehörigen Grad der Stärke habe.

Ersteres ergiebt sich — wenn die Vorlage, wie es sich gebührt, ein bestimmtes Maaß enthält — durch den Augenschein, wenn sie voll ist; ferner durch das Visir, oder den Maaßstab. Zu dem leßtern Versuche gehört ein gläserner Cylinder; ferner ein Thermometer mit einer messingenen Skale, der in die Peripherie des Glases paßt; vorzüglich aber ein Vinometer, mit welchem der Gehalt erforscht werden soll. Auf diesem ist unter der Skale der Grad der Wärme nach Reaumür bestimmt, welchen der in den Cylinder gegebene Brandtewein haben muß. Diesen Grad muß man den Brandtewein erreichen lassen, und dann den Vinometer hinein halten, um den Grad der Skale zu ersehen, den der Brandtewein hat, der zwei Drittel Alcohol enthalten muß.

Eine zweite Probe des Gehalts ist folgende: Man nimmt sechs Loth Brandtewein, genau gewogen, auf einen zinnernen Teller, erwärmt ihn, wenn er sehr kalt ist, weil er sonst nicht zündet, und bringt ihn durch ein Schwefelholz oder Stück Papier in Brand, rührt die Masse beständig um, und wiegt, wenn die Flamme erlischt, das übrig Gebliebene, welches sodann noch zwei Loth am Gewichte betragen muß. Ob nun gleich während des Brennens ein Theil des Phlegma verdunstet, so wird der Brandtewein doch ganz gewiß ohne Tadel seyn, wenn außer dieser Verdunstung noch zwei Loth Phlegma übrig bleiben.

§. 32.

Worauf der Brenner, bei Abtreibung des Brandteweins, vorzüglich zu achten habe.

Um nicht mehr Masse von der Blase in die Vorlage laufen zu lassen, als hinreicht, eine Mischung von zwei Drittel Alcohol und ein Drittel Wasser, also guten Brandtewein, zu erhalten, muß der Brenner von Zeit zu Zeit (besonders wenn er neues Korn brennt, dessen Inhalt er noch nicht kennt) mit dem Stichheber eine Quantität Brandtewein aus der Vorlage heben, solchen in das Probeglas laufen lassen, und aus der hellen Farbe, aus den dicken Luftbläschen, die darauf stehen bleiben müssen, und aus der Reinheit der Oberfläche, worauf sich keine Haut zeigen darf (welches letztere immer ein Merkmal von zu vielem Phlegma ist), abnehmen, ob er noch mehr zulaufen lassen darf oder nicht. Die Uebung macht auch hier den Meister. Es giebt Gegenden, wo die Trinker nicht an so guten, rein schmeckenden Brandtewein gewöhnt sind, wo sie den schmierigen, fuseligen Geschmack nicht achten, wenn die Waare nur wohlfeil ist. Hier braucht man keinen halben Wein zu machen, sondern man läßt den Läuter nur noch ein Mal über die Weinblase laufen, und verkauft ihn so als Brandtewein. Da man hierbei viel Zeit und Feurung spart, so kann man das Produkt auch wohlfeiler verkaufen. Man kann einen solchen Brandtewein auch probehaltig machen, wenn man nur weniger in die Vorlage laufen läßt. Aber den reinen Geschmack erhält er nie, welcher dem aus halbem Wein destillirten Brandtewein eigen ist.

§. 33.

Wodurch man dem Brandteweine einen in der Gegend beliebten Geschmack geben könne.

Bei dieser letzten Destillation hat man es nun in seiner Gewalt, dem Brandtewein den Geschmack zu geben, welchen die Abnehmer desselben am meisten lieben; eine Liebhaberei, die in den verschiedenen Gegenden sehr verschieden ist, und im Grunde bloß auf Landes Sitte und Gewohnheit sich gründet. So verlangt, zum Beispiel, die eine Gegend Brandtewein, der mit Wachholder abgezogen ist, und hierbei fährt der Fabrikant sehr gut. Denn durch diesen Zusatz maskirt man am besten den übeln Geschmack, der durch Anbrennen sich erzeugt, weil der Geschmack der Wachholderbeeren und der des angebrannten Brandteweins kaum von einander zu unterscheiden sind.

Eine andere Gegend liebt Anis. Auch damit läßt sich vieles, was bei der Fabrikation verunglückt war, wieder gut machen. Es gehören davon auf 1 Faß oder 60 Stübchen 2 Pfund, die man ohne weitere Vorbereitung mit dem halben Wein zugleich in die Blase giebt.

In einer dritten Gegend ist Kümmel das Losungswort der Brandteweintrinker, wovon 4 Pfund auf 1 Faß gehören. Eine Andere verlangt Brandtewein ohne irgend einen Zusatz, und diese ist für den Fabrikanten die drückendste, weil für sie der Brandtewein am reinsten, und einzig und allein durch sein eigenthümliches Verdienst schmackhaft seyn muß.

§. 34.
Wie man dem Brandteweine die sogenannte Probe, oder Probehaltigkeit, auf eine unschädliche Weise verschaffen könne.

Der gemeine Mann hat das Vorurtheil, daß der Brandtewein desto stärker, oder reichhaltiger an Geiste, sey, je länger sich die bei dem Einschenken des Brandteweins an dessen Oberfläche entstehenden Bläschen auf solchem erhalten und nennt dies die Probe. Diesem Vorurtheile muß man nachgeben und dem Brandteweine diese Probe zu verschaffen suchen. Ein unschädliches Mittel hiezu ist dies. Man läßt eine angemessene Anzahl der gemeinen Brennessel (urtica urens) mit den Wurzeln zu der Zeit ausroden, wann sie in die Blüthe treten wollen. Diese trocknet man im Schatten und hebt sie auf.

Von den Wurzeln, die man mit einem Handbeile in Stücken zerhauen läßt, nachdem das Kraut zuvor davon getrennt worden, thut man auf jede 12 Pfd. der zu Brandtewein zu destillirenden Flüssigkeit 1 Pfd., jedoch ungewaschen, damit das Wasser keine Kräfte ausziehe und destillirt dann das Ganze damit über.

Damit es aber nicht an den Brennesseln fehle, weil sie, als jährige Pflanzen, sich aus dem Saamen fortpflanzen, mithin leicht vertilgt werden, wenn man sie mehrmals vor der Blüthe ausrodet, so muß man entweder hie und da einige Hoste stehen lassen, damit sie sich wieder besaamen, oder an einem angemessenen Orte selbst reifgewordenen Saamen aussäen.

§. 35.

Wie man dem Brandteweine den brenzlichten oder brandigen Geschmack benehmen könne.

Bisweilen ist der Läuter unglücklicher Weise so stark angebraunt, daß der Geschmack davon durch nichts maskirt werden kann, sondern daß man dem Uebel auf eine andere und gründliche Weise abzuhelfen bemüht seyn muß. Hierzu giebt es nur ein Mittel, folgendes nämlich:

Man pulverisirt für ein Destillat von 60 Stübchen $\frac{1}{4}$ Braunschweiger Himten rein ausgebrannte Kohlen, und giebt solche mit in die Blase. Man röstet ferner mehrere Stücken Brot, ungefähr zwei Finger dick, auf einem Roste so stark als möglich. Diese legt man, eins nach dem andern, und zwar so, daß wenigstens alle zwei Stunden ein neues an die Stelle kommt, auf das Filtrum in den Trichter, und läßt dadurch den Brandtewein laufen. Der Brand in dem Läuter ist ein brenzliches Wesen, was noch Brennbarkeit in sich hat. Von gleicher Natur ist die Kohle: sie ist noch fähig zu brennen, und hat dabei auch sehr viel Fähigkeit, für die verlornen brennbaren Theile andere aufzunehmen. Da sich nun nach chemischen Grundsäzzen alle verwandte Körper vermöge einer gegenseitigen Anziehungskraft einander nähern, so nimmt sowohl der Kohlenstaub in der Blase, als auch das verkohlte Brot im Trichter die brenzlichen Theile auf, und der Spiritus kommt rein schmeckend zur Vorlage.

§. 36.

Wie der Nachgang noch benutzet werden müsse.

Das, was nach Abtreibung des Brandteweins noch auf der Blase bleibt, und Nachgang genannt wird, enthält allerdings noch einen ziemlichen Nachlaß von Spiritus. Man läßt hiervon in eine besondere Vorlage die Blase noch so lange laufen, bis man durch die oberwähnte Probe des Anzündens sich überzeugt hat, daß kein Geist mehr darin enthalten sey.

Dieser Nachgang wird den Tag darauf wieder mit Maische auf die große Blase gegeben, um so den Spiritus noch herauszubringen.

Vierte Abtheilung.

Von der Behandlung des Brandteweins in der Niederlage.

§. 37.

Von dem Niederlagsorte selbst und den besten Aufbewahrungs-Gefäßen.

Zum Niederlagsorte des Brandteweins eignet sich am besten ein Keller, der etwas tief in die Erde geht, und in welchen kein Wasser kommt. Hier liegt er in heißen Sommertagen kühl, und verliert nicht viel an Spiritus. Wollen es indeß die Lokal-Umstände nicht erlauben, einen solchen Keller anzulegen, so muß man den Ort, wo Brandtewein aufbewahrt werden soll, wenigstens so luftdicht als möglich machen; weil beim Zutritte der Luft die Quantität des Brandteweins mehr verschwindet, als in einem Raume, der von Zugluft frei ist.

Stückfässer, 8 Ohm haltend, sind zur Aufbewahrung des Brandteweins am dienlichsten. Diese muß man unten mit einem starken eichenen Lager versehen, wodurch sie so viel wie möglich von der Erde entfernt werden, weil sonst die Fässer zu viel von der Feuchtigkeit leiden. Sie müssen so gelegt werden, daß man, wo nicht hinter denselben gehen, doch dahin sehen kann; indem oft hinten im Boden ein Stückfaß leck wird und eine große Menge Brandtewein abrinnen kann, bevor man solches von vorn her gewahr wird. Dieses Nachsehen, ob alles dicht sey, muß täglich geschehen.

§. 38.

Vorsicht, welche bei einer neu anzulegenden Brandteweins-Niederlage zu beobachten.

Legt man eine Brandteweins-Niederlage neu an, so muß man sie, wenn es die örtlichen Umstände vermeidlich machen, nicht in der Nähe der Brennerei, noch sonst in einer Gegend, wo viel Feuer unterhalten wird, anbringen, um das darin enthaltene Kapital desto mehr vor Feuersgefahr zu sichern.

Die Thür zu dieser Niederlage muß nicht nur mit einem Schlosse versehen seyn, sondern man muß sie auch noch mit einer an der Seite befestigten, starken eisernen Stange verwahren, die mit dem andern Ende an eine Krampe reicht. Man lasse nicht immer ein und ebendasselbe Hängeschloß daran, sondern wechsele von Zeit zu Zeit ab. Durch dieses Vorsichtsmittel werden nachgemachte Schlüssel unbrauchbar, und es ist solches bei der Landwirthschaft nirgends besser angebracht, als hier, weil keinem Erzeugnisse derselben mehr, als dem Brandtewein nachgetrachtet wird, und man sich überhaupt gegen Dieberei nicht genugsam verwahren kann. Aus eben diesem Grunde muß ein jedes Faß Brandtewein, welches der Brenner am Abend als vollendetes Tagewerk abliefert, gleich unverzüglich nach der Niederlage gebracht werden. In der Brennerei darf es nicht liegen bleiben, der ungebetenen Gäste wegen, welche dort sogleich sich einzufinden pflegen.

§. 39.

Von den in einer Brandteweins-Niederlage nöthigen Geräthschaften.

Außer den Stückfässern gehören noch in eine Brandteweins-Niederlage:

1. Eine starke Leiter, worauf man die $1\frac{1}{2}$ Ohmstücke bis oben auf die Stückfässer wälzen kann.

2. Ein hölzerner Trichter von solcher Stärke, daß, wenn ein $1\frac{1}{2}$ Ohmstück auf ihm liegt, er doch nicht zerbricht. Er wird auch zum Auffüllen der kleineren Fässer gebraucht, wenn von den Stückfässern verkauft werden soll.

3. Ein Knieheber von Kupferblech, oder (noch besser) von Glas. Die gläsernen Knieheber sind wenigstens die reinlichsten und gesundesten, und bloß die zu große Zerbrechlichkeit benimmt ihnen etwas von ihrem Werthe. Dagegen

dauern aber auch die Heber von Weißblech nicht lange. Sie werden von der Säure des Brandteweins angegriffen, und die Ueberbleibsel sind ebenfalls werthlos. Die kupfernen bleiben daher immer die gewöhnlichsten und zweckmäßigsten.

4. Ein Stichheber.

5. Ein Probierglas.

6. Ein hölzerner Hammer, zum Aufschlagen der Spunde.

7. Eine hinlängliche Anzahl von Spunden und Zapfen.

8. Ein hinlänglicher Vorrath von grober Leinwand, um davon beim Versenden des Brandteweins kleine Stücken unter die Spunde zu legen, wenn man sie einschlägt, weil nur hierdurch das Rinnen verhütet werden kann.

9. Eine Anzahl tüchtig rein gemachter, vom Böttcher nachgebundener Versendungsfässer, um zu jeder Zeit davon Gebrauch machen zu können.

10. Zwei geeichte Eimer, mehrere kleine Gemäße und ein kleinerer Trichter.

§. 40.

Von der Behandlung des Brandteweins in der Niederlage.

Da es nicht möglich ist, jeden Tag in Ansehung des Geschmacks immer ganz gleichen Brandtewein zu erzwingen, so muß der junge Brandtewein sofort auf Stück- oder Lagerfässer gegeben werden. Er erhält dadurch eine gleichmäßige Mischung und einerlei Geschmack, und wenn er dem Brenner nicht nach dem Vinometer abgenommen seyn sollte, auch einerlei Stärke. Eine auf das Stückfaß gebrachte Stückzahl Fässer Brandtewein zehrt bei weitem nicht so sehr ein, als wenn dieselbe Masse auf sechs einzelne Fässer gelagert wird.

Die Stückfässer müssen stets voll erhalten werden, weil sonst die Luft den fehlenden Raum ergänzt und das Verfliegen des Geistes befördert. Diese Regel kommt eigentlich in kältern Tagen, oder im Winter, vorzüglich in Betracht. Im heißen Sommer ist wegen des entgegengesetzten Falles Gefahr vorhanden. Die Wärme dehnt nämlich die Flüssigkeit aus; sie verlangt einen größern Raum und zersprengt nicht selten ein Stückfaß, wenn die desfallsige Vorsichtsmaßregel aus der Acht gelassen wird. Diese besteht, wenn die Niederlage nicht ein kühler Keller ist, darin, daß man etwas Brandtewein herunter nehme, etwa 1 bis 2 Quart von jedem Stückfasse.

§. 41.
Wie man bei dem Verkaufe des Brandteweins aus der Niederlage mit Vorsicht zu verfahren habe.

Auch bei dem Verkaufe des Brandteweins aus der Niederlage ist Ueberlegung und Vorsicht nöthig. Nimmt man den zu verkaufenden Brandtewein mit dem Knieheber oben aus dem Spundloche, so werden die ersten Fässer, die man abläßt, zu stark seyn und übermäßige Probe halten; dem Brandtewein hingegen, der unten im Stückfasse ist, wird es dann an Stärke und Probehaltigkeit desto mehr fehlen. Denn die geistigen Theile sind ungleich leichter, als das mit ihnen verbundene Phlegma; erstere finden sich also mehr oben, letzteres mehr unten im Fasse. Damit also nicht ein Theil der Käufer zu sehr begünstigt, der andere Theil hingegen betrogen werde, so ist die beste Art, den Brandtewein abzulassen, diese, wenn man von unten durch einen eingesteckten Hahn die Hälfte auf das zu füllende Faß zugiebt, die übrige Hälfte aber durch den Knieheber oben abhebt. Fürchtet man aber, beim Einbringen des Hahnes in ein volles Stückfaß, zu viel zu verlieren, oder vermuthet man, daß der Brandtewein unten einen Bodensatz habe, so muß man sich einen Knieheber anschaffen, der bis über die Hälfte in das

Faß hineinreicht. Auch muß man dann, außer dem gewöhnlichen Zapfloche, noch ein zweites großes in der Mitte des Bodens anbringen, und es mit einem tüchtigen, lang hervorstehenden Zapfen verschließen. Hat man alsdann mit dem Knieheber oben so viel herausgenommen, als derselbe fassen will, so reicht die Masse nicht mehr bis an dies Zapfloch. Letzteres wird nun geöffnet, der Heber durch dasselbe in das Faß gelegt, und auf solche Weise der übrige Brandtewein abgehoben.

Vierter Abschnitt.

Vom Ankaufe des Viehes und dessen Mästung mit den Brandteweins-Träbern, oder den Spülicht, der Wäsche.

§. 42.

Welche Art des Viehes ein Oekonom mit dem größten Vortheile mäste.

Von der sogenannten Wäsche, dem Spülichte oder den Träbern, worunter man den Nachlaß des abgetriebenen Läuters versteht, wird Vieh gemästet: ob Hornvieh, Schweine oder Hämmel, oder ob man diese Wäsche dem Zuchtviehe zuwenden wolle, hängt von den Verhältnissen ab, unter welchen die Brennerei betrieben wird. Den höchsten baaren Geldgewinn erhält man unstreitig durch Mästung des Hornviehes, besonders der Ochsen. Aber auch in anderer Rücksicht ist diese Mästung für einen Landwirth die zweckmäßigste; da derselbe eine Brennerei vorzüglich auch zur Vermehrung des Düngers anlegt, der Dünger des

Hornviehes aber bei weitem dem Schweinemiste vorzuziehen ist.

In letzterer Hinsicht ist es nun freilich gleich viel, ob man Ochsen oder Kühe aufstellt, weil von beiden der Dünger gleiche Güte hat. Allein in Ansehung des baaren Geldgewinnes macht es einen beträchtlichen Unterschied. Eine alte abständige Kuh, die 12 bis 15 Thlr. im Ankaufe kostet, oder (wenn es eignes Vieh ist) diesen Werth hat, mästet sich in sechzehn Wochen nicht aus, muß also längere Zeit auf der Mast stehen. Angenommen aber auch, daß sie in diesem Zeitraume fett würde, so können von dem Häcksel und der Wäsche, die drei Kühe zum Fettwerden brauchen, vier Ochsen gemästet werden. Wenn auch eine Kuh, die zu 12 bis 15 Thlr. eingekauft ist, zu 24 bis 30 Thlr. wieder verkauft wird, so hätte sie doch wöchentlich nicht einen Thaler Futtergeld verdient. Weit über einen Thaler wöchentlich ist dagegen der Verdienst eines Mastochsen, der zu 25 Thlr. eingekauft wird, und sicher wenigstens 50 Thlr. beim Verkaufe einbringt.

Da man bei einer Brennerei, die der, welche hier beschrieben worden ist, an Größe gleicht, und in der heißesten Jahreszeit ruhet, zwei Mal 36 Ochsen aufstellen und fett machen kann: so ist leicht begreiflich, daß eine solche Menge Vieh durch eigene Zuzucht nicht herbeizuschaffen steht, sondern größten Theils angekauft werden muß.

Zu diesem Ankaufe ist Sachkenntniß nöthig, also:

§. 43.

Von der Beurtheilung eines anzukaufenden Ochsen in Rücksicht seines Alters, seiner Gesundheit und Mastungs-Fähigkeit.

In England giebt es unter den so genannten Viehmästern Menschen, die einem Stücke Vieh nicht allein die innerliche Gesundheit ansehen, sondern sogar vorher bestimmen können, ob es leicht, oder nur langsam, oder gar nicht fett zu machen sey. Dies ist eine schätzbare Fertigkeit; sie erfordert aber auch große Uebung und Kenntniß, wozu derjenige nicht füglich gelangen kann, dessen Hauptgeschäft dieser Handel nicht ist.

Inzwischen hat man doch einige allgemeine leicht zu begreifende zweckdienliche Merkmale ausfündig gemacht. Diese sind folgende:

1. Der Ochs, den man für den Maststall kauft, darf nicht unter vier, und nicht über acht Jahr alt seyn: denn im ersten Falle verwächst er die Mastung noch zu sehr, und setzt keinen oder wenig Talg an, womit dem Käufer nicht gedient ist; im letztern Falle aber sind die Fasern schon zu steif, und die zur Mastung benöthigte Zeit wird dadurch nicht nur verlängert, sondern es erfolgt auch zum Resultate

nur Mastvieh, dessen Fleisch zähe ist und lange kochen muß.

Man erkennt das Alter der Ochsen an den Ringen der Hörner, wovon sie jährlich Einen ansetzen. Doch fehlt es nicht an Ausnahmen von dieser Regel, daher also dies Merkmal keinesweges ganz untrüglich ist. Die vierjährigen Ochsen erkennt man auch noch an den Zähnen, weil sie in diesem Alter die letzten Milchzähne gewechselt haben. Je weißer und länger die Zähne sind, desto jünger ist das Thier; je älter es wird, desto gelber und abgenutzter erscheinen die Zähne. Auch geht die hellrothe lebhafte Farbe, die man bei dem jungen Rindviehe im Innern des Maules bemerkt, mit den Jahren immer mehr ins Blasse über. Darnach muß man dann, in Ermangelung der Ringe, das Alter beurtheilen.

2. Die Haut muß lose seyn, so daß, wenn man die Haare in die Hand faßt, und solche hin und her zieht, die Haut willig mit geht. Wenn dies letztere nicht erfolgt, so ist das Thier zu sehr ausgehungert, und es dauert sehr lange, bis es Fleisch annimmt.

3. Die Hörner müssen schlank und glänzend erscheinen. Sind sie am Kopfe sehr dick und klumpig, so nimmt auch in diesem Falle das Thier nicht gern Fleisch an.

4. Auch das Haar muß glänzend seyn und glatt

anliegen. Dazu müssen sich gesellen wackere Augen und ein trotziger Gang.

5. Das Athemholen muß nicht gezwungen, sondern gleichförmig und regelmäßig seyn.

6. Der Ochs muß lang gestreckt seyn, einen breiten Hals, eine breite Brust und kurze Beine haben. Der Schwanz muß hoch angesetzt seyn.

7. Woher er mit dem Viehe komme, ist die erste Frage, die der Käufer an den Verkäufer zu thun hat; und es versteht sich von selbst, daß man sich in keinen Handel einlassen werde, sobald eine Gegend namhaft gemacht wird, wo ein Viehsterben herrscht. Auch giebt es Gegenden, wo das Vieh, welches man daher kauft, sich außerordentlich schwer füttern läßt; und wieder andere, deren Vieh sehr leicht fett wird. Hierauf muß man bei der Wahl weislich Rücksicht nehmen, wenn man freie Wahl hat, das heißt, wenn man die Ochsen einzeln von Bauern kauft. In so fern hat also diese Methode des Aufkaufes an den Ort, wo das Vieh gezogen ist, auch ihr Gutes neben den oberwähnten Inkonvenienzen, welche damit verbunden sind. Bei großen Triften, die ein Viehhändler zusammengekauft und zu Markte gebracht hat, muß der Käufer auf diesen Vortheil Verzicht thun; unter andern auch darum, weil der Verkäufer immer nur die bessern Ge-

genden nennt, wenn man ihn fragt, wo er das Vieh gekauft habe.

§. 44.
Von den Vorsichts-Maaßregeln beim Ankaufe des magern Viehes und andern hieher gehörigen Notizen.

Wer, außer der Brennerei, Weide für mehreres Vieh hat, der kann die Ochsen zu jeder Jahreszeit kaufen; doch ist es rathsam, gerade diejenigen Zeitpunkte zum Ankaufe zu wählen, wo diese Viehgattung nicht allgemein gesucht wird. Zwischen Michael und Martini werden gewöhnlich die Brennereien wieder in Thätigkeit gesetzt, und Alles strömt daher um diese Zeit den Jahrmärkten zu, um sich mit dem nöthigen Viehe zum Aufstallen zu versehen. Solche Gelegenheiten, wo viele Käufer auf dem Markte zusammen kommen, bleiben dann von den Verkäufern auch bei diesem Handelszweige nie unbenutzt. Sie halten ihre Waare gleich höher im Preise, und so muß man dann vier bis fünf Thaler mehr fürs Stück bezahlen, welches im Ganzen schon etwas Beträchtliches ausmacht.

Wer auf dem Markte eine Anzahl Ochsen kaufen will, der findet daselbst Viehhändler, welche ganze Triften haben, zugleich aber auch eine Menge Bauern, wovon jeder ein, zwei, auch drei Stück feil hat. Die mehresten Landwirthe stehen in der Meinung, daß sie wohlfeiler kaufen, wenn sie diese einzelnen Ochsen erhandeln. In der Wirklichkeit ist dies selten der Fall. Nur bei dem ersten dieser Detaillisten (wenn ich sie so nennen darf), mit dem man sich in einen Handel einläßt, pflegt man als Käufer gut zu fahren. Sobald aber dieser seine paar Ochsen verkauft hat, geht er bei seines Gleichen herum, und lügt zu dem, was er wirklich bekommen hat, noch etwas Beträchtliches hinzu, um sich damit wichtig zu machen. Diese Lügen werden dann bei den Uebrigen, die später verkaufen, bald zur Wahrheit, indem sie die Preise sogleich steigern. Außerdem hat diese Höckerei noch das Unangenehme, daß, da lauter fremdes unbekanntes Vieh zusammenkommt, beim Nachhausetreiben ein ewiger Streit unter demselben entsteht, wobei nicht selten Gesundheit und Leben einiger Stücke in Gefahr geräth. Nicht genug, es findet auch die Unbequemlichkeit hierbei noch Statt, daß man mehrere Hüter zur Seite haben muß, welche bei diesem einzelnen Ankaufe, der doch nur nach und nach auf dem Viehmarkte bewerkstelligt werden kann, die Aufsicht über das Vieh führen müssen. Und endlich bringt man auch auf solche Weise nie einen gleichen Schlag Vieh zusammen.

Ganz anders ist es, wenn gleich alles auf ein Mal bei einander steht. Da kann man das Ganze gleich mit einem Blicke übersehen, und die Verhältnisse der einzelnen Individuen gegen einander genau bemerken. Der Viehhändler, welcher eine ganze Trift zu Markte bringt, hat diese nach und nach zusammengesucht, und die Zeit sorgfältig wahrgenommen, da jene Höker gerade des Geldes benöthigt waren. Er hat also wohlfeil eingekauft. Kann er nun seine Trift in einem Handschlage los werden, und seine Auslage nebst dem Gewinne gleich auf einem Brete ausgezahlt erhalten: so läßt er mit sich handeln, und am besten besonders dann, wenn man ihm von seiner Trift nicht ein einziges Stück ausstößt. Man hat also wohl Ursache, die ganze Trift zu nehmen, wenn an dem Ausschusse weiter nichts zu tadeln ist, als nur dieses, daß er etwas kleiner ausfällt. Entdeckt man indeß Mangel an Gesundheit bei einigen Stücken, so muß man ihm diese lassen.

Gewöhnlich reiset man schon den Tag vorher nach der Stadt, worin oder wobei Markt gehalten werden soll. Man erkundige sich daselbst zuerst, ob viele Fremde in gleicher Absicht da sind. Findet man dies, so suche man der erste auf dem Markte zu seyn, und warte nicht, bis die übrigen auch kommen, weil, wie gesagt, auch die Viehhändler klug genug sind, die Konkurrenz mehrerer Käufer sofort zu benutzen. Da sie nun früh Morgens noch nicht wissen können, ob viele Käufer kommen werden oder nicht, so schlagen sie gewöhnlich, bei einem nur halbweg annehmlichen Gebote los. Auch hat man dabei den Vortheil, daß man sich die beste Waare auf dem Markte aussuchen kann.

Sobald der Zuschlag geschehen ist, schere man gleich einem jeden erkauften Stücke Vieh einen Buchstaben an den Leib; zu welchem Behufe man stets eine Schere bei solchen Gelegenheiten mit sich führen muß. Dies hat den Nutzen, daß sodann kein Umtausch, kein Zank und Streit Statt finden kann. Wenn beim Nachhausetreiben (wozu oft die Nacht zu Hülfe genommen werden muß) ein Ochs abhanden kommen sollte, so ist dann auch, vermittelst jenes Merkzeichens, das Eigenthumsrecht beim Wiederfinden weit leichter zu beweisen, als sonst.

Wenn der erste Vorrath von Mastvieh fett geworden und verkauft ist, muß man schon bei Zeiten auf den neuen Ankauf bedacht seyn. Da dies nun aber in eine Zeit fällt, wo selten Viehmärkte sind: so muß man entweder selbst in die Gegenden reisen, wo das Vieh zu haben ist, und solches von den Bauern einzeln zusammenkaufen; oder man muß sich hierzu der Beihülfe eines Viehhändlers bedienen, der bei diesem Geschäfte entweder bloß als Lieferant, oder zugleich als eigentlicher Kommissionär erscheint.

Im erstern Falle kauft der Viehhändler die Ochsen und liefert sie an Ort und Stelle für sein eigenes Geld und Risiko, und es wird dann darum gehandelt.

Im zweiten Falle geht das Geschäft auf Rechnung des Käufers, welcher allen Verkäufern einen Ort bestimmt, woselbst sie an einem bestimmten Tage das Vieh abzuliefern haben. Dahin reiset man dann, um das Vieh in Empfang zu nehmen und jedem sein Geld auszuzahlen.

Mit einem solchen Aufkäufer wird man wegen jeden Stück Viehs um eine gewisse Provision eins, welche gewöhnlich einen bis anderthalb Thaler pro Stück beträgt.

Das Selbsthinreisen ist kostbar und lästig. Die Verkäufer, die keinem Andern als sich selbst und ihres Gleichen Viehkenntnisse zutrauen, glauben, unwissende Menschen vor sich zu haben; sie wittern einen großen Sack voll Pistolen, und halten ihr Vieh hoch im Preise. Die Viehhändler von Profession bedrohen auch wohl die Verkäufer, daß, wenn sie ihr Vieh unmittelbar an die Brennereiberechtigten verkauften, sie ihnen ihre Waare nie wieder abnehmen würden; und wenden sonst noch allerhand Mittel an, um denen, die ihre Instanz übergehen und aus der ersten Hand kaufen wollen, den Handel zu verderben.

Es ist daher immer gerathener, einen solchen Aufkäufer an der Hand zu haben, der für sein eigenes Risiko kauft und liefert. Als Kommissionär zieht er seine Spesen, und nimmt dabei dennoch mehr das Interesse des Verkäufers, als des Kommittenten, wahr.

§. 45.

Vom Aufstallen, oder Vorbinden, der Ochsen und der dabei anzuwendenden Vorsicht.

Erhält man eine Trift Ochsen, die man nicht erst auf die Weide gehen lassen, sondern gleich aufstallen will, so gebe man ihnen bei ihrer Ankunft nicht erst trockenes Futter, sondern gleich Brandteweinswäsche. Denn sie sind zu dieser Zeit am meisten ausgehungert, und also dann am leichtesten zu dieser ihnen sehr widerlichen Nahrung zu gewöhnen.

Hat man mehrere Krippen, an die man sie stellen will, so suche man sie so zu ordnen, daß die größten und besten alle an der ersten, die schlechtern an der zweiten Krippe u. s. w. zu stehen kommen. Die allerbesten bindet man voran, und läßt die schlechtern folgen. Wollte man das Vieh so stellen, daß an jeder Krippe Vieh von gleicher Größe und Güte im Durchschnitte zu stehen käme, und diese Waare sodann auch einerlei Werth im Verkaufe haben müßte, so hätte man dabei Schaden, aus folgendem Grunde. Die erste Krippe gilt, nach der nun einmal angenommenen Meinung, immer für die beste. Ist diese verkauft, so geben die übrigen Käufer für die zweite durchaus weniger, und für die folgenden immer weniger. Bindet man dagegen die besten alle vorn in eine Reihe, so kann man den ersten Käufern auch mit Recht den höchsten Preis setzen, und man bekommt sonach im Ganzen das Vieh, wenn auch die übrigen Krippen zu einem geringern Preise verhandelt werden, doch nach dem wahren Werthe bezahlt.

Da das Vieh, wie gesagt, sich nicht gern zur Brandteweinswäsche bequemt, so muß man es durch Hunger und Durst nöthigen, derselben Geschmack abzugewinnen, und zwar so geschwind als möglich, weil es sonst an Fleisch und Kräften zu sehr verlieren würde. Man nimmt also auch künstliche Mittel mit zu Hülfe, und giebt dem Viehe, um seinen Durst zu vermehren, täglich eine starke Mannshand voll Salz ein; reibt ihm von Zeit zu Zeit das Maul mit Brandteweinswäsche, und bringt sie ihm sogar auch in die Nase. Dadurch gewöhnt es sich einstweilen an den ekelhaften Geruch; und der Durst treibt es dann auch an die Krippe, von der es anfänglich immer entfernt steht. Sobald die Thiere fressen, bekommen sie täglich drei Mal diese Wäsche in die Krippe, mit etwas Häcksel, entweder von Stroh allein, oder mit schlechtem Heu vermischt. Die Quantität dieses Zusatzes richtet sich nach dem Vorrathe. Zu viel Häcksel taugt jedoch nicht, weil die Verdauung dadurch aufgehalten und die Mast verzögert wird.

Gleich beim Vorbinden müssen den Thieren die Spitzen der Hörner abgeschnitten werden, um dem Unglücke vorzubeugen, welches oft durch das Stoßen angerichtet wird.

Ist ein Ochs auf einem Auge blind, so darf er nicht zwischen zwei andere gestellt werden, sondern er muß auf der Seite, wo das blinde Auge befindlich ist, an der Wand stehen, weil er von der Seite her sich nicht vorsehen, noch gegen einen Stoß vertheidigen kann.

Sind die Thiere an das zuvor ihnen so verhaßte Futter gewöhnt, so fressen sie oft begierig und überladen sich, wovon dann Mangel an Freßlust die Folge ist. Eine Hand voll Salz hilft gewöhnlich diesem Mangel wieder ab. Hält aber derselbe mehrere Tage an, so sondert man das Thier ab und giebt ihm einige Tage lang trockenes Futter. Hilft dies nicht, so muß man zu reizendern Mitteln seine Zuflucht nehmen, als da sind: ein Absud von Weidenrinde, oder (welches noch schneller wirkt) von Genzianswurzel.

Da die Thiere bei dieser Mastung außerordentlich stark ausdünsten, so darf der Stall nicht zu dicht verschlossen, das Vieh aber auch keinem Zugwinde ausgesetzt werden, weil dieser Krankheiten verursacht. Man thut aber am besten, zwischen den Balken, oder zwischen dem Rieg- und Setzholz Oeffnungen zu lassen, die sodann die Ausdünstung abführen, ohne das Vieh zu treffen.

Zugleich bewahren sie die Balken vor der Gefahr, durch die Ausdünstung in Fäulniß zu gerathen.

Nachdem das Vieh sechs Wochen lang vor der Mast gestanden, beschleunigt man das Fettwerden ganz außerordentlich dadurch, daß man sodann alle vierzehn Tage einem jeden Stücke ein Quart Blut durch Aderlaß entzieht.

Da das Mastvieh sehr stark urinirt, so muß ihm täglich, wenn Stroh genug dazu vorhanden ist, zwei Mal gestreut und der Stall ein Mal ausgemistet werden. Je reinlicher die Wartung und Pflege, desto schneller ist der Erfolg der Mastung.

§. 46.

Vom Verkaufe des fetten Viehes und wie dessen Preis auszumitteln.

Wenn Käufer zu dem fetten Viehe sich melden, so muß die erste Frage an sie seyn, wie viel Stück sie erhandeln wollen; die zweite Frage, zu welcher Zeit sie selbige abzuholen gedenken; die dritte, in welcher Geldsorte gehandelt werden solle; und die vierte, ob sie selbst das Vieh abholen wollen, oder ob sie wünschen, daß es ihnen geliefert werde.

Wollen die Käufer wöchentlich nur ein Stück nehmen, so darf man ihnen nicht viele auf ein Mal verkaufen, indem es sonst zu lange dauert, ehe man die letzten los wird. Die Käufer wünschen freilich immer eine grosse Anzahl zu kaufen, weil sie sich dabei am besten stehen, indem alsdann diejenigen, welche am längsten stehen bleiben, Zeit genug haben, ausserordentlich fett zu werden. Die beste Verfahrungsart in Ansehung dieses Punktes ist, wenn man z. B. 36 Stück an vier Krippen stehen hat, jedem Käufer nur neun Stück, und unter der Bedingung zu verwilligen, dass wöchentlich ein Stück abgeholt werde, damit man auf solche Weise den ganzen Stall voll Vieh in Zeit von neun Wochen los werde.

Der nach Recht und Billigkeit zu fordernde Preis ergiebt sich durch folgende Berechnung:

Man lege die beim Ankaufe gezahlte Summe, mit Inbegriff der dabei vorgefallenen Spesen, zum Grunde; zähle die Wochen, wie lange das Vieh gestanden hat; addire dazu die Hälfte der Zeit, in welcher die zu verkaufende Reihe nach und nach weggeschlachtet werden soll; rechne für jede Woche 1 $\frac{1}{2}$ Thlr. Futtergeld, und addire das Facit zu jener Einkaufssumme. Die sich ergebende Hauptsumme wird dividirt durch die Stückzahl des ganzen Stalles, und der Quotient weiset dann aus, wie viel man im Durchschnitt für jedes einzelne Stück ungefähr fordern könne, um neben dem Kostenersatze auch noch eines guten Gewinnes theilhaftig zu werden. Folgendes Schema wird das Verfahren noch deutlicher darstellen:

	Thlr.	Mgr.
36 Mastochsen haben im Einkaufe zusammen gekostet in Golde .	885	—
Dazu Agio à 10 p. C. . . .	88	12
— Spesen beim Einkaufe .	25	24
Total-Einkaufssumme .	999	—
Diese Ochsen haben bis heute 12 Wochen lang im Maststalle gestanden. Dazu 4½ Wochen, als die Hälfte der Zeit, da die zu verkaufenden Ochsen noch stehen, macht 16½ Wochen. Auf das Stück rechne ich 1½ Thlr. Futtergeld, mit Inbegriff des beim Verkaufe zu erwartenden Gewinnes = 24¾ Thlr. Beträgt auf 36 Stück . .	891	—
Total-Verkaufssumme .	1890	—
Mit 36 dividirt, beträgt der Verkaufspreis eines einzelnen Stücks in Kurrant	52	18
oder in Golde à 10 p. C. circa	47⅔	—

Stehen die großen Ochsen allein, so muß man hierauf Rücksicht nehmen, und dafür noch etwas mehr fordern. Bieten die Käufer nur so viel, daß man berechnen kann, man habe immer noch etwas über 1 Thlr. Futtergeld für die Woche, so kann man vorlieb nehmen, und man muß bei diesem Handel beständig in Betracht ziehen, ob viel oder wenig Konkurrenz von fettem Viehe ist, um darnach mehr oder weniger nachgiebig in seiner Forderung zu seyn.

Jene Regel zur Ausmittelung des Verkaufspreises gilt übrigens nur für einen Anfänger, der den Werth eines jeden Stücks noch nicht nach dem bloßen Anblicke und nach dem Gefühle zu beurtheilen vermag. Durch Uebung bringt man es endlich dahin, daß man durch Griffe am Halse, auf den Ribben, in den Flanken, am Sacke und an der Brust bestimmen kann, ob ein Stück Vieh mehr oder minder fett sey, ob es mehr oder weniger Talg habe. Auch das Gewicht kann ein alter Praktikus auf solche Weise sehr genau sich angeben, und so ohne alle fernere Rechnungsweitläufigkeit seine Preise reguliren.

§. 47.

Wie man sich gegen die Chikanen der Schlachter bei dem Verkaufe des fetten Viehes sichern könne und müsse.

Die Schlachter pflegen sich nicht selten dadurch Vortheile zu erwirken zu suchen, daß sie entweder über den Preis, oder über die Münzsorte u. s. w. Dispüt anfangen, oder auch besonders dadurch, daß sie das verkaufte Vieh nicht zur bestimmten Zeit abnehmen u. s. w. u. s. w. Eben deshalb muß über jeden Verkauf ein förmlicher schriftlicher Kontrakt aufgerichtet, gedoppelt ausgefertigt und von beiden Theilen unterschrieben werden. Hier ein Formular eines solchen Kontrakts:

Zwischen dem Knochenhauer N. N. in N. N. und Herrn N. N. in N. N., ist heute folgender Kauf-Kontrakt geschlossen worden. Ersterer kauft neun Stück fette Ochsen à 50 (sage funfzig) Thaler in Louisd'or à 5 Thlr. Er verspricht, am 2. Februar den ersten davon abzuholen, und die übrigen acht Stück binnen acht Wochen, und zwar wöchentlich ein Stück, wegzuschlachten. Wenn in dieser Zeit ein Stück Vieh wandelbar wird, soll der Käufer gehalten seyn, es gleich wegzunehmen. Stirbt aber eins, so soll der Schade den Verkäufer treffen, weil das Eigenthum noch nicht an den Käufer übergegangen ist. Jedes Stück dieser neun Ochsen wird dem Käufer wöchentlich Mittwochs Abends frei ins Haus geliefert, und er bezahlt gleich beim Empfange dessen Werth mit 10 Pistolen. Er giebt außerdem für den Brenner und beide Knechte jedes Mal 24 Mgr. Schwanzgeld. Das zu bezahlende Gold darf nicht über 2 As zu leicht seyn. Zu mehrerer Festhaltung ist dieser Kontrakt doppelt, gleichlautend, abgeschrieben, von beiden Theilen unterzeichnet und gegen einander ausgewechselt worden. Geschehen N. N. den u. s. w.

§. 48.

Wie derjenige Oekonom verfahren müsse, welcher, neben dem Maststalle der Brennerei, noch andern Stallraum und hinlängliches Futter hat.

Wer neben dem Maststalle der Brennerei noch mehrern Stallraum hat und keinen Futtermangel befürchtet, der thut wohl, wenn er außer der vorzubindenden Stückzahl noch zehn Stück mager Vieh mehr kauft, es allein stellt, ihm Häcksel von Stroh giebt und solches mit etwas Brandteweinswäsche benetzt. Das Vieh wird dadurch vorläufig an das Futter gewöhnt, und es dient nach und nach zur Rekrutirung des Maststalles. Denn wenn man den zweiten Stall voll erst ankaufen muß, wann der erste Stall voll verkauft ist, und dies auch in mehrern Absätzen geschehen soll, so muß man doch wenigstens erst 9 Stück los seyn, bis es der Mühe werth ist, die Reise zu machen und neue Ochsen anzukaufen, in welcher Zeit dann die Ställe nicht genutzt werden.

Fünfter Abschnitt.

Von der Benutzung des Nachgangs- oder Nachlaufs, (Phlegma) zum Cideressigmachen.

§. 49.

Die Benutzungs-Arten des Nachgangs werden kürzlich berührt.

Die gewöhnliche Art der Benutzung des Nachganges, oder desjenigen fast geistlosen Fluidums, welches nach dem Abtreiben, oder der Destillation, in der Weinblase zurückbleibt, haben wir im 36sten §. gesehen. Die Erfahrung hat aber gelehrt, daß man ihn mit weit mehr Vortheile zu Essig, den man gemeiniglich Cideressig nennt, obwohl diese Benennung eigentlich dem aus Aepfeln gewonnenen Essig zukommt, verwenden könne und deshalb wird er denn auch schon von vielen Brandteweinbrennern dazu benutzet. Wer demnach Gelegenheit dazu hat, ihn auf diese Weise zu benutzen — und diese wird wohl selten fehlen — der thut wohl, sich solcher zu bedienen und deshalb glaube ich noch schließlich die Manipulation des Cideressigs hersetzen zu müssen.

Wer eine Cideressig-Fabrik mit seiner Brandteweinbrennerei verbinden will, muß vor allen Dingen ein der Brennerei nahe gelegenes, hinlänglich geräumiges Zimmer haben, welches mit dichten Thüren und doppelten dichten Fenstern versehen seyn muß, um solches desto eher erwärmen und die äußere Luft davon abhalten zu können. Auch muß dies mit einem recht guten Heitzungs-Apparate versehen seyn, um es desto leichter und mit desto weniger Brennmaterial sattsam erwärmen zu können; indem es das ganze Jahr hindurch, Tags und Nachts, beträchtlich geheizt und wenigstens darin eine Hitze von 20 bis 22 Grad Reaumür unterhalten werden muß. Auch muß der Unternehmer die Essigfabrication in so großem Umfange treiben, als es seine Brandteweinbrennerei nur erlauben will; denn hierin steckt gerade der Vortheil; weil er 6, 8 und mehr Stückfässer beinahe mit eben dem Feuer-Material zureichend erwärmen kann, wie 2, 3 und also in dem größeren Umfange des Betriebes grade der Vortheil steckt. Wer z. B. täglich 1 Faß Brandtewein brennt, gewinnt Nachlauf genug, um 8 Stückfässer stets hinlänglich damit füllen zu können. Wer täglich 1½ Faß brennt, gewinnt zu 12 Stückfässern den erforderlichen Nachgang u. s. w.

§ 50.
Die Manipulation des Nachlaufs, um Essig daraus zu machen, wird deutlich dargelegt.

Vor allen Dingen muß erst eine zureichende Anzahl Stückfässer angeschafft werden, also z. B. 8 oder 12 Stück. Aus diesen wird der eine Boden herausgenommen, das Spundloch vest zugemacht und dann das Stückfaß mit dem offenen Ende oben, auf 2 Unterlagen gestellt, dann aber noch zu mehrerer Vorsicht mitten unter den Boden eine Stütze angebracht, damit er seine Last desto sicherer tragen könne. Stückfässer, worin Rheinwein gewesen, sind denen, worin Franzwein gewesen, vorzuziehen.

Sind die Stückfässer gehörig hingestellt, daß man zu allen bequem gelangen kann, so werden nun in jedes, bevor es mit Nachlauf gefüllt wird, folgende die Säurung fördernde Species gethan:

1. 5 Pfd. Weinstein — weißer ist besser, als rother —
2. 3 Pfd. langen, oder Cayenne-Pfeffer,
3. $1\frac{1}{2}$ Pfd. spanischer Pfeffer,
4. 20 Pfd. Sauerteich, mit so viel ganzen, weißen oder gelben Erbsen durchgeknätet,

daß Brodt daraus gebacken werden kann. Aus dieser letzten Masse werden 3 Brodte gebacken, in grobe Stücken gebrochen und in das Faß geworfen, die übrigen Ingredienzien aber unzerstoßen.

Hierauf wird das Faß mit dem Nachgange nach und nach angefüllet und wenn es voll ist, mit einem Kranze von gutem unverdorbenen Heu belegt und dann mit einem linnenen Laken oben zugedeckt. Bei dem 2ten Stückfasse verfährt man eben so, und so mit allen, bis sie voll sind. Ist das erste gefüllt, so fängt man mit der Heitzung des Zimmers an und treibt sie gleich, wie oben bemerkt, wenigstens auf 20 Grad Reaumür. Bei der ersten Fermentation braucht jedes Stückfaß zu seiner Zeitigung, wenn die Heizung ununterbrochen im gehörigen Grade fortgesetzet wird, 9 Monathe oder $\frac{3}{4}$ Jahr; bei der 2ten hingegen nur 3 Monathe; indem nun schon die Essigmutter, welcher die Hälfte der oben unter 1 bis 4 angeführten Species für jedes Faß zugesetzet wird, die Fermentation mächtig fördert. Diese Hälfte muß nun bei den übrigen Füllungen der Fässer mit Nachlauf jedesmal wieder hinzugethan werden. Auch wird man desto schneller guten Essig in der Folge erhalten, je mehr man von dem alten schon zeitigen Essig, bei der neuen Füllung auf dem Fasse läßt. Nach $\frac{3}{4}$ Jahren wird man also immer zeitigen Essig zum Verkaufe haben und von da an wird man ihn mit beträchtlich wenigern Kosten gewinnen, weil er nun in $\frac{1}{3}$ des vorigen Zeitraums Kaufmannsgut wird.

Zweites Hauptstück.

Vom Bierbrauen.

§. 51.

Einleitung.

Wer gutes weiches Wasser, nicht zu theures Brenn-Material und das erforderliche Getreide in zureichender Menge haben, auf guten Absatz rechnen und das nöthige Anlage-Kapital entbehren kann, auch hinlänglichen und paßlichen Platz zur Anlegung eines Brauhauses und der nöthigen Keller hat, der wird wohl thun, mit der Brandteweinbrennerei noch eine Bierbrauerei zu verbinden, weil auch diese einen nicht geringen Abfall zur Viehfutterung liefert. Liegt seine Oekonomie in einer Gegend, wo er für den Brandtewein keinen guten Absatz zu hoffen hat, oder das Brandteweinbrennen durch einen zu hohen Blasenzins erschwert wird, und er kann auf guten Absatz von Bier, oder Bier-Essig rechnen, so wird er wohl thun, nur eine Brauerei anzulegen. Das Lokal und vernünftige Ueberlegung müssen hier jedem sagen, was er zu thun habe.

Erster Titel.

Von der zweckmäßigen Anlegung und innern Einrichtung eines Brauhauses und den darin erforderlichen Geräthschaften.

§. 52.

Von der zweckmäßigen Anlage eines Brauhauses und seiner Zubehörungen.

Ein zweckmäßig angelegtes Brauhaus und gute Keller tragen gar viel zu dem glücklichen Erfolge und dem vortheilhaften Betriebe einer Brauerei bei.

Zu der Anlegung des Brauhauses wählt man einen erhabenen und trocknen Platz aus, um die zur Aufbewahrung des Biers nöthigen tiefen Keller darunter, oder daneben anlegen und das zeitige Bier aus dem Stellbottiche, durch Rinnen oder Röhren, bequem dahin leiten zu können. Die Größe des Brauhauses und seiner Keller richtet sich nach dem Umfange, in welchem die Brauerei betrieben werden soll. Den erforderlichen Platz dazu wird ein geschickter Baumeister, den doch wohl jeder Vernünftige bei einer solchen Anlage zu Rathe ziehen wird, leicht berechnen können, wenn man ihm die Quantität des Biers ꝛc., welche man jedesmal brauen will, angiebt; indem danach die Größe der Pfanne und ihres Heerdes, die Größe der Maisch- Schier- und Stellbottiche, so wie der Abkühlungs- Gefäße und der für selbige erforderliche Platz berechnet werden kann und muß.

Das Gebäude selbst muß, wegen des größern Malzbedarfes der Brauerei, mit mehr Bodenraum versehen seyn, als in einer Brandteweinbrennerei nöthig ist; und dieser Endzweck wird am besten dadurch erreicht, daß man dem Brauhause ein Mansardendach giebt, um mehrere Böden über einander anlegen zu können, die hier weit geräumiger werden, als bei einem gewöhnlichen Dache, welches, von unten bis oben schräg auflaufend, den obern Raum sehr einschränkt.

Die Luken oder Windzüge auf jenen Böden müssen mit dem Fußboden gleich seyn, ganz durchgehen, und also von einen Sparren zum andern fortlaufen, weil der dadurch verstärkte Luftzug das Korn besser treffen, und das Malz geschwinder trocknen kann. Da man sich zum Bierbrauen gewöhnlich großer, kupferner, oben offener Pfannen bedient, die weit mehr Raum einnehmen, als die Brandteweinsblase, und auch auf eine andere Art, gewöhnlich mit Buschholz, geheizt werden, so muß auch die innere Einrichtung eines Brauhauses von der eines zur Brandteweinbrennerei bestimmten Gebäudes ganz verschieden seyn. Ueber die Anlage des erstern, so wie auch über die Einrichtung der Pfanne in demselben, findet man nähern Unterricht in „Krünitz Encyklopädie, und in Sachtlebens Holzersparung. Quedlinburg 1790. S. 101. u. f. Tab. XII.“

Bemerkt wird hier nur noch, daß das Brauhaus gut mit Luftzügen, oder Zugluken versehen seyn muß, die man am vortheilhaftesten von Osten nach Westen hin anlegt, um die gekochte Würze, so schleunig als möglich, abkühlen zu können, weil sie sich sonst, besonders bei Gewitterluft, sehr leicht zersetzt, und dann wie geronnene Milch aussieht. Man hat, die schnellere Abkühlung zu befördern, welche in den zu hohen Kühlbottichen nicht ganz leicht von Statten geht, eine Vorrichtung erdacht, die man ein Kühlschiff nennt, und die in Folgendem besteht:

6 — 8, bis unter die Zugluken reichende, eichene Stämme werden aufgestellt, und mit Balken gehörig unter einander verbunden, und befestigt. Ueber diese Balken wird eine eichene Einfassung oder ein Rahmen von 1 Fuß Höhe gelegt, der durch eine Nuth (mit einem gefederten tannenen Boden) genau verbunden wird, und so mit ihm ein flaches Gefäß bildet. Die

Ecken, wo dieser Rahmen zusammentritt, müssen mit festen Schrauben versehen seyn, damit alles Durchdringen von Flüssigkeit verhütet werden kann. Dies Kühlschiff muß nach der einen Ecke ein fast unmerkliches Gefälle haben, damit man hier durch ein Zapfenloch das abgekühlte Bier ab- und in die Stellbottiche lassen kann. Man hat Schiffe dieser Art, die, nach Maaßgabe der Größe einer Brauerei, 50 bis 100, ja wohl 150 Faß Bier enthalten können.

§. 53.

Von den zum Betriebe einer Brauerei nöthigen Geräthschaften.

Die zum Betriebe einer Bierbrauerei nöthigen Geräthschaften sind:

A. in der Brauerei selbst:

1. eine kupferne Pfanne;
2. ein Malzstein, d. i. ein steinernes Gefäß, in dem die Gerste zum Quellen gebracht wird, oder da, wo die Sandsteine selten sind, ein sogenannter Quellbottich;
3. ein Schierbottich, mit einem Losboden, worin die Würze abgeklärt wird;
4. ein Schierstein, d. i. ein unter dem Schierbottiche in dem Boden befestigtes Gefäß, in welches die Würze gelassen wird, um sie daraus in den Abschläger zu schöpfen;

5. ein Abschläger; ein Gefäß, dessen man sich bedient, um die erste Würze, während des Kochens des zweiten Wassers, darin zu lassen;

6. ein oben beschriebenes Kühlschiff;

7. ein Stellbottich, in welchem die Würze, durch zugemischte Hefen, in Gährung gesetzt wird;

8. 2 Rinnen;

9. 1 Rinnenknecht;

10. 1 Feuergabel;

11. 1 Feuerkruck;

12. 2 Maischhölzer, mittelst welcher das Schrot mit dem Wasser durcheinander gerührt wird;

13. 1 Grundfaß, oder Handschaupe, zum Ausschöpfen der letzten Flüssigkeit, die in der Bütte stehen bleibt;

14. 2 Eimer;

15. 2 Stielschaufeln, beim Malzmachen;

16. 1 Lampe;

17. 1 Aschenbehälter;

18. 1 Zuber zur Wegschaffung der Trebern;

19. 2 Wasserschöpfen mit Stielen, zum Ausfüllen des kochenden Wassers und der Würze.

B. im Bierkeller.

1. So viel eichene, oder steinerne Gestströge, wie zu der zu brauenden Fässerzahl nöthig sind. Sie dienen den Fässern zu Lagern, müssen etwas abhängig gestellt, und an der niedern Stelle mit einem Zapfenloche versehen seyn, um den in ihnen aufgefangenen Gest ablassen zu können.

2. Doppelt so viel Bierfässer, als erforderlich sind, ein Gebräu darauf zu ziehen, weil die eine Hälfte der Fässer gewöhnlich in der Bierconsumenten Häusern ist, und erst wieder gebracht wird, wenn diese neues Bier holen.

3. Ein hölzerner Trichter, in Form einer Krippe, mit 4 Ausgüssen, oder Tuten, die so weit von einander entfernt seyn müssen, daß sie in die Spundlöcher von 4 neben einander liegenden Fässern passen, um auf diese Weise 4 Fässer zugleich füllen zu können;

4. ein Eimer;

5. ein Vorrath von Spunden, Zapfen und Heede (Werg);

6. ein Handbeil;

7. ein Bohrer, um ein Loch in den zugeschlagenen Spund zu machen, das sodann durch ein Zäpfchen von Heede verstopft wird. Hierdurch kann das aus dem nachgährenden

frischen Biere sich häufig entwickelnde kohlensaure Gas abgelassen werden, welches, ohne diese Vorsicht, beim Verfahren der Gefäße, dieselben nicht selten zersprengt;

8. ein Ziehmesser, zum Verfertigen der Zapfen;

9. eine Säge, um die Zapfen abzuschneiden;

10. ein kleines Gefäß zum Holen der Hefen; Gestlechel genannt;

11. ein kupferner, oder blecherner Trichter, zum Ueberfüllen der Fässer.

1te Anmerk. Die Größe der in dem §. von Nr. 1 — 6. als in der Brauerei erforderlich angegebenen Gefäße richtet sich nach dem Umfange, worin die Brauerei betrieben werden soll und muß danach berechnet werden.

2te Anmerk. An Statt des Kühlschiffs hat man noch häufig Kühlbottige, diese sind aber bei weitem nicht so nützlich; denn einmal nehmen sie weit mehr Raum in dem Brauhause ein und zum andern kann das Bier sich in solchen durchaus nicht so schnell abkühlen, da sie auf dem Grundboden des Brauhauses stehen, also die Zugluft sie nicht wohl fassen knnn, wohingegen ein Kühlschiff in der angemessenen Höhe und so angebracht werden kann, daß die Zugluft es nicht nur oben bestreiche, sondern auch unter dessen Boden durchziehe und so dasselbe und die darin enthaltene Würze von allen Seiten, mithin sehr schnell abkühle. An dieser Abkühlung liegt sehr viel, um daß ein Gebrau gut gerathe und folglich ist das Kühlschiff nicht genug zu empfehlen.

§. 54.

Etwas über die vorsichtige und zweckmäßige Anlegung des Brauofens und des Heerdes unter der Brau-Pfanne.

Auf eine zweckmäßige Anlegung des Brauofens und besonders des Heerdes unter der Pfanne und der Wölfe, oder Kanäle, worin das Feuer um die Pfanne geleitet wird, kommt in Betref der Holz-Ersparung sehr viel an. Auch ist dabei ein großer Unterschied, ob man mit Holz oder Steinkohlen brauen will. Der Heerd erstreckt sich unter der ganzen Unterfläche der Pfanne her, das Feuer-Material wird aber in die Mitte desselben, gegen dem Heizloche über, gebracht, damit die Flamme nach allen Seiten frei spielen und dann in die angebrachten Wölfe übergehen könne.

Da, wo man mit Holz heißet, macht man den Rost unter oder in dem Heerde gewöhnlich von Backsteinen, welche etwa $\frac{1}{2}$ Zoll weit von einander stehen, damit die Luft durch solche aus dem Aschenloche zum Feuer dringen, und die Asche dadurch in das Aschenloch fallen könne.

Da, wo man mit Steinkohlen brauen will,

ist aber diese Vorrichtung nicht hinreichend, sondern da muß

1. ein Rost von Eisenstäben angelegt werden, wie er im 4ten §. unter den Nummern 2. 3. 4. beschrieben ist und

2. muß ein Windfang unter dem Roste angelegt und der Luftzug durch besondere Kanäle verstärkt werden, wie es im bemeldeten §. unter Nr. 5. bemerkt ist. Sodann muß aber

3. noch besonders dafür gesorgt werden, daß man die heftige Glut der Steinkohlen schnell mindern oder hemmen könne; wann die gekochte Würze aus der Pfanne abgeschlagen wird; indem sonst die Pfanne zu sehr leiden würde. Zur Erreichung dieses Zwecks ist nun folgende Vorkehrung sehr dienlich. Man legt nämlich; bei der Feuerung mit Steinkohlen, doppelte Wölfe an, nämlich 2, welche die Flamme um die Pfanne leiten, und 2 andere dicht daneben, welche die Flamme unter dem Heerde durch ableiten und versieht beide am Eingange mit einem eisernen Schieber. Ist nun die gahrgekochte Würze bis etwa zur Hälfte der Pfanne ausgeschöpft, so schiebt man mit den eisernen Schiebern diejenigen Wölfe zu, welche die Flamme um die Pfanne leiten und nöthigt so die Flamme, in die andern Wölfe sich zu vertheilen, wodurch denn der Pfanne

eine merkliche Abkühlung und ein großer Vortheil verschafft wird.

§. 55.

Von der Malz-Tenne und den Malzboden, auch den darauf erforderlichen Geräthschaften.

Auf der Malz-Tenne wird das zu malzende Getreide hinlänglich gereinigt und angefeuchtet, um es zum Keimen zu bringen. Das Reinigen, Waschen und Anfeuchten geschieht in dem Malzsteine oder Quellbottiche, der also zu dem Ende auf der Malztenne seyn muß. Das Keimen des Korns geschieht aber auf der Tenne selbst in dem sogenannten Wachshaufen. Es muß also die Malztenne

1. so viel möglich warm liegen, damit das Keimen desto schöner und gleichmäßiger geschehen könne; sie muß
2. weil darauf viel mit Wasser gekramt wird, mit Platten gepflastert, oder mit einem Estrich übergossen seyn, und
3. stets reinlich und sauber gehalten werden. Auch müssen auf solcher einige hölzerne Stielschaufeln seyn, um den Malzhaufen, wann es erforderlich, umarbeiten und schnell aus einander bringen zu können. Der Quellbottich und der Malzstein müssen im Boden mit einem Zapfloche versehen seyn. In dies Loch wird ein mit Stroh umwundener Zapfen mit lan-

gem Stiele gesteckt, um das Wasser ablassen zu können, wann es nöthig ist. Wird dieser Zapfen aus dem Loche gezogen, so bleibt das Stroh im Loche sitzen und verhindert das Mit-Abfließen der Getreide-Körner.

Der Malzboden ist dazu bestimmt, das gemalzte Getreide, so schnell als möglich, trocknen zu können. Man übergießt ihn, wenn sonst das Gebäude die Last tragen kann, am liebsten mit einem Estrich, oder überlegt ihn auch sonst mit Dielen. Um das schnelle Trocknen zu fördern, muß er dicht auf dem Boden mit Zuglöchern überall versehen seyn, die durch hölzerne Gitter die Vögel abhalten und mit Klappen, gleich denen auf den Kornböden, verschlossen werden können.

Man legt den Malzboden am liebsten und besten über dem Brauhause an, um unnützes Hin- und Herschleppen zu ersparen; doch muß dafür gesorgt werden, daß er geräumig genug sey, um auch einen Vorrath völlig trocknen Malzes und allenfalls auch eine Quantität des zu vermalzenden Getreides fassen zu können.

Zweiter Titel.

Von der Manipulation des Bierbrauens selbst, und der dabei erforderlichen Vorarbeiten.

Erstes Kapitel.

Vom Malzmachen und Schroten und der dabei erforderlichen sehr großen Vorsicht.

§. 56.

Einleitung.

Der glückliche Erfolg bei dem Brauen hängt hauptsächlich von tauglichem und kräftigem Malze ab. Dies kann aber nur von gutem, fehlerfreien Korne gemacht werden. Bei dem Ankaufe und der Auswahl des zu vermalzenden Getreides ist also Kenntniß und Vorsicht nöthig. Es soll demnach vor allem hiezu die nöthige Anleitung gegeben werden.

§. 57.

Von der vorsichtigen Auswahl des zum Malzen bestimmten Getreides.

Dasjenige Getreide, woraus man gutes Malz zu machen gedenkt, muß

1. nicht vorher schon ausgewachsen seyn, indem es sonst nicht mehr keimt, also auch nicht zu Malze gemacht werden kann. Hat es eine goldgelbe natürliche Farbe, so ist es gut, hat es aber eine graue unnatürliche Farbe, so hüte man sich vor dessen Ankaufe. Diese Vorsicht ist besonders nach nassen Erndten sehr nöthig. Es muß

2. im Fache, oder auch auf dem Kornboden nicht erhitzt seyn, oder sich nicht gebrannt haben, weil es, wenn dies geschehen, auch nicht keimt. Hat es sich gebrannt, so haben die Körner rothe Spitzen und dann ist es rathsam, sich dafür zu hüten. Es muß

3. vollständig und gut ausgewachsen seyn, weil leichtes unvollkommenes Getreide wenige Kraft hat und gar wenig Zuckerstoff enthält. Man bezahle lieber einige Groschen mehr für den Himten, wenn das Korn gut ist, als daß man, aus übelverstandener Sparsamkeit, schlechtes Korn für weniger Geld kaufen sollte. Es muß ferner

4. von allem Unrathe und besonders resp. von

Radel und Trespen, Twalk und tauben Körnern frei seyn; weil diese die Masse vermehren, ohne mit dem Getreide gehörig zu keimen und Kräfte für das Bier herzugeben. Es muß endlich

5. nicht vom Kornwurme an= oder ausgefressen seyn. Der schwarze und rothe Kornwurm fressen sich bekanntlich ins Getreide=Korn oder dessen Hülle hinein, und fangen beim Keime an. Da, wo dieser gehauset hat, wird man also manche Hülle mitbekommen, die zum Keimen untauglich ist. Der weiße Wurm frißt zwar das Getreidekorn nur an einer Seite an; allein es verliert doch, wie leicht zu erachten, dadurch von seiner Kraft.

Man hat sich also beim Ankaufe vor allen den angezeigten schlechten Getreide sehr in Acht zu nehmen und thut auch wohl, Korn von einerlei Boden in Masse zu kaufen, weil dies sich bei dem Malzen am besten mit einander behandeln läßt.

§. 58.

Vom Malzmachen selbst und den verschiedenen Arten desselben, so wie von der Behandlung jeder Art.

Zum Brauen verwendet man, je nachdem die Kornpreise sich zu denen des Biers 2c. verhalten, entweder Weizen oder Gerste, oder auch wohl die letztere mit einem Zusatz von Hafer vermischt.

Alle jene Kornarten können entweder an der Luft, oder auf der Darre vermalzt werden, und zwar ist die erste Art bei weitem die bessere:

1. Vom Luftmalze. Man schüttet das zu vermalzende Korn in ein Gefäß, den Quellbottich, am zweckmäßigsten in ein großes steinernes, und übergießt es, wo möglich, mit fließendem Wasser, bis dies 3 Finger hoch über dem Korne steht, welches dann tüchtig umgerührt wird, um allen obenauf kommenden Unrath, als leichte taube Körner, Grannen, Kaff u. dergl. abschöpfen und zum Viehfutter benutzen zu können. Verunreinigt sich das Wasser sehr, so muß es abgezapft, und reines Wasser aufgegeben werden. Täglich muß das Korn im Gefäße einige Male umgerührt werden, theils um dasselbe noch mehr zu reinigen, theils um es lose zu machen, so daß das Wasser auch auf das untenliegende wirken kann. Hat das Korn so lange geweicht, daß man es von Seiten der beiden Spitzen zwischen den Fingern zerdrücken, oder damit einen weißen Strich auf ein Brett machen kann, so wird es vom Wasser befreiet, und auf die Malz-Tenne in einen länglichen, etwa 2 Fuß hohen Haufen, der Wachshaufen genannt, gebracht, damit es sich erhitze und

Keime treibe. Dies wird, bei sehr kalter Witterung, durch Bedecken mit Säcken, Wagenlaken und dergl. befördert.

Sobald sich an jedem Ende eines Korns drei Keime zeigen, muß der Haufen schnell auseinander geworfen und das Korn stark der Luft ausgesetzt werden, weil sonst der schädliche Graskeim erfolgt. Man schafft daher das Malz so schnell als möglich auf einen luftigen Boden, den Malzboden, breitet es dort so dünn wie möglich auseinander, und rührt es mit einer langen Stange anfangs täglich zwei- nachher ein Mal tüchtig um. Je mehr es auszutrocknen anfängt, desto dicker kann man es über einander legen, um dadurch wieder Raum für das nachfolgende Malz zu gewinnen. Aber nicht eher darf man das Malz beträchtlich aufhäufen, als bis die Körner so hart geworden sind, daß sie beim Durchbeißen auseinander springen.

Die besten Jahreszeiten zum Malzmachen sind Frühling und Herbst; die beiden andern sind nicht so günstig, und zwar der Winter aus dem Grunde nicht, weil dann die Körner, durch die Kälte gehindert, nicht leicht gleichmäßig keimen; im Sommer hingegen erfolgt das Keimen zu rasch, und das Hervorbrechen des Graskeims ist schwer zu verhindern. Daß das letztere wirklich geschehen sey, zeigen die

Klumpen, die man oft im trocknen Malze findet, am deutlichsten, und diese müssen dann, im Fall man solches Malz noch gebrauchen will, zerkleinert werden, bevor man es nach der Mühle sendet, weil sonst das gehörige Schroten gehindert wird.

Bei dem Hafer, der sich, wie alle andere Kornarten, zu Malz machen läßt, findet jenes Uebel am meisten statt, indem er den Graskeim mit den 3 Wurzelkeimen fast zu gleicher Zeit treibt. Man muß daher, sobald sich nur die Spitzen der letztern zeigen, den Wachshaufen schnell auseinander werfen, und ihm sehr vielen Luftzug verschaffen.

2. Vom Darrmalze. Man versteht unter einer Darre überhaupt eine jede künstliche, in einer gewissen Art von Oefen bestehende, Anstalt, vermittelst welcher allerhand Feldprodukte, geniesbare und ungeniesbare, gedörret, (daher der Ausdruck Darre), getrocknet, oder gebacken werden. Nach Verschiedenheit dieser Produkte, giebt es daher auch verschiedene Arten der Darren; als da sind: Flachsdarren, Obstdarren, Malzdarren. Hier ist besonders von den letztern die Rede.

Eine Darre zum Malztrocknen anzulegen und zu unterhalten, erforderte ehemals großen Kostenaufwand. Man hatte nämlich unten einen eigenen Ofen, der, bis zum Boden hinauf, wo die Darre sich befand, mit einem auf allen Seiten 12 Zoll weit abstehenden Mantel, in Schornsteingestalt, aufgemauert war. Die Darre war oben mit Draht so enge geflochten, daß keine Körner durchfallen konnten. Der Ofen mußte nun durch ein eigenes Feuer in immerwährender Gluth erhalten werden, bis die aufgeschüttete Quantität Malz, welche sehr oft gewendet werden mußte, trocken war. Um eine Darre mit Malz abzutrocknen, mußte der Ofen lange in Hitze erhalten werden, welches große Kosten verursachte.

In neuern Zeiten hat man diese durch sinnreiche Erfindungen sehr vermindert, und unter andern zeichnet sich die von Hr. Nathusius in Althaldensleben gemachte Anlage, sehr vortheilhaft aus. Hr. N. benutzt nämlich die aus dem Schornsteine seiner Brennerei sonst ungenutzt entweichende Hitze und den Rauch, zur Heitzung einer über der Brennerei, nahe am Schornsteine, angebrachten Darre, auf der er sein nöthiges Malz, größere Kornvorräthe, und andere Dinge zum Behuf seines Haushaltes, ohne den mindesten Kostenaufwand, darret.

Auch Hr Neuenhahn jun. hat ähnliche Vorrichtungen. Beschreibung und Abbildung dieser Anlage findet man im 1sten Theile von

Neuenhahns Brandteweinbrennerei, 3te Auflage, S. 535.

Daß, in Ansehung des Malzens, das Korn beim Darren eben so behandelt wird, wie das Luftmalz, versteht sich von selber.

Das, besonders zum Brauen des braunen Biers bestimmte Darrmalz wird auf der Darre folgendermaaßen behandelt. Es wird demselben eine so starke Hitze gegeben, daß die Hülsen der Körner aufspringen und das Korn selbst gleichsam etwas geröstet wird und braun zu werden anfängt; denn von dieser braunen Farbe des Malzes hängt hauptsächlich die Farbe des Braunbiers ab.

Zur Bewirkung der beregten Röstung wird das Malz auf der Darre wenigstens einmal in jeder halben Stunde umgewendet und das Feuer oder die Hitze so gleichmäßig, wie möglich, überall unter der Darre vertheilt und unterhalten, bis sich keine Dämpfe aus dem Malze mehr entwikkeln und es überall eine gleich bräunliche Farbe angenommen hat. Ist es so weit zubereitet, dann wird es, von der Darre weg, und in einem mäßigen Haufen zusammengebracht, worin es einige Tage ruhig liegen bleibt, damit sich die Wärme desselben dadurch überall noch gleichmäßiger verbreite, und ein vollkommen gleich trocknes Malz erhalten werde.

Anmerk. Da, der Erfahrung nach, altes

Malz besser zum Brauen ist, als frisches, so thut derjenige, welcher den Platz dazu hat, sehr wohl, im Frühlinge und Herbste, wo das Malzmachen am besten geht, eine Quantität Malz in Vorrath zu machen und solche, wenn sie hinlänglich trocken ist, in angemessenen Haufen, vorsichtig aufzubewahren, insbesondere solche gegen alle Feuchtigkeit zu sichern.

§. 59.

Vom Schroten des Malzes und dessen Behandlung, ehe es in die Mühle geschickt wird.

Um aus dem Malze die zu dem Biere erforderlichen Zucker-Schleim- und Gummi-Theile zu erlangen, muß es zuvor geschrotet werden. Bevor es aber zu diesem Zwecke zur Mühle geschickt wird, ist es gut, solches zuvor von den daran hängenden Wurzelfasern zu befreien, welches meistens nicht geschieht. Zu dem beregten Zwecke wird es mit bloßen Füßen getreten und dann wie Korn geworfelt, oder besser über die sogenannte Kornfege gejagt.

Von diesem so gereinigten Malze wird nun eine beliebige Quantität, gemeiniglich so viel, als zu einem Gebrau erforderlich ist, nach der Mühle geschaft, nachdem zuvor noch folgende Vorsicht angewandt worden, um zu bewirken, daß das Schroten gehörig geschehe.

Wird nämlich das Malz zu fein geschrotet, so entwickelt sich zugleich ein grobes Mehl mit, welches beim Einmaischen des Schrotes leicht Klumpen bildet und die Arbeit erschwert, überdem aber das Bier leicht verdirbt, ohnehin verstiebt aber noch manches feine Mehltheilchen. Wird hingegen das Malz zu grob geschrotet, so schliessen sich die Malzkörner nicht gehörig auf und die Hülsen trennen sich nicht genug von dem Innern.

Um demnach beide Fehler, nach Möglichkeit, zu verhüten, wird das Malz Tags zuvor, ehe es nach der Mühle geschickt wird, auf folgende Art angefeuchtet: Man schüttet es in einen länglichen Haufen, etwa 1 Fuß hoch über einander und sprengt während es beständig umgerührt wird, auch beständig Wasser darüber, auf jeden Berliner Scheffel etwa $1\frac{1}{2}$ bis 2 Berl. Quart und auf jeden Braunschw. Scheffel etwa 3 bis 4 Braunschw. Quart, je nachdem die Witterung heißer oder kälter, feuchter oder trockener ist. — Das auf diese Art gleichmäßig durchnäßte Malz wird nun in dem Haufen bei kalter Witterung, 20 bis 24 Stunden, bei warmer hingegen nur 15 bis 20 Stunden gelassen, damit alles gehörig angefeuchtet werde. Gemeiniglich läßt man es nur eine Nacht hindurch liegen.

Wird nun das angefeuchtete Malz zum

Schroten nach der Mühle geschickt, so ist noch folgende Vorsicht nöthig.

1. Muß man das Malz genau wägen, damit der Müller keinen Unterschleif machen könne.

2. Muß man den Müller, auf gute Art, dahin bringen, daß er das Malz auf einer neugeschärften Mühle und mit etwas höher, als gewöhnlich, gestellten Steinen schrote.

3. Muß das Schroten nicht zu schnell geschehen, weil sonst das Schrot leicht eine nachtheilige Erhitzung und Zersetzung erleiden kann, die dem Biere schadet.

Ein Braumeister thut deshalb sehr wohl, mit dem Müller in guter Harmonie zu leben; weil der Müller, wenn er, aus Groll, die Mühle nicht recht stellt, ihm das Schrot verdirbt und ihn außer Stand setzet, gutes Bier zu brauen.

Anmerk. Wer bei seiner Brauerei nicht in Verlegenheit gerathen will, thut wohl, immer zu einem, oder einigen Gebrauen das Malz-Schrot in Vorrath zu halten, besonders wenn er das Schroten auf einer Windmühle oder auch auf einer Wassermühle verrichten lassen muß, der es im Sommer leicht am Wasser fehlt und die im harten Winter dem Einfrieren leicht ausgesetzet ist.

Das Malz-Schrot wird auf eben die Art am besten aufbewahrt und gegen das Verderben gesichert, wie es im §. 15. bei dem zum Brandteweinbrennen bestimmten Schrote angegeben ist.

Zweites Kapitel.

Vom Brauen selbst und was dabei zu beobachten.

§. 60.

Die Verschiedenheit der Manipulation bei dem Weiß- und Braunbierbrauen wird mit wenigem berührt.

Die Manipulation des Brauens selbst ist bei dem Weiß- und Braunbiere im Ganzen einerlei; doch giebt es dabei einige Verschiedenheiten.

Das Weißbier wird meistens von bloßem Luftmalze, mit Zusatz von wenig, oder auch gar keinem Hopfen, das Braunbier hingegen wird, wenn es hellbraun seyn soll, halb von Luft- und halb von Darrmalze, wenn es hingegen dunkelbraun seyn soll, blos von Darrmalze, mit einem angemessenen Zusatze von Hopfen, gebrauet, um ihm dadurch eine angenehme Bitterkeit und besonders auch die bekannte Dauerhaftigkeit zu verschaffen. Man pflegt eben deshalb auch dem Weißbiere im Sommer etwas

Hopfen zuzusetzen, um es so gegen das sonst so leicht eintretende Sauerwerden zu sichern.

Bei theuren Hopfen-Preisen pflegen manche Brauer, um dem Bitterbiere die Bitterkeit und Farbe zu verschaffen, demselben Wermuth, Ofenruß u. dgl. beizumischen; ja andere mischen wohl gar, um dem Biere mehr anscheinende Kraft zu geben, betäubende Kräuter, z. B. Post oder Porsch darunter. Dergleichen Kunstgriffe taugen nichts, benehmen dem Biere bald seinen Credit und sind also zur Nachahmung nicht zu empfehlen.

Bei dem Brauen selbst kann man dreierlei Arbeit mit Recht annehmen, nämlich die Vor- Haupt- und Nach-Arbeit. Von allen dreien soll nun gehandelt werden.

§. 61.

Von der Vorarbeit, oder den Vorbereitungen zum Brauen.

Am Abende vor dem Tage, wo gebraut werden soll, feuchtet der Braumeister, auf die im §. 59. beschriebene Art, das zum Gebrau bestimmte Malz gewöhnlich an und schaft es, am folgenden Morgen, mit der dort angegebenen Vorsicht, zum Schroten nach der Mühle.

Während das Malz zum Schroten auf der Mühle ist, beschäftigt sich der Braumeister zu Hause damit, Strohwische zu verfertigen, mittelst welcher er dem Losboden in Schierbottiche, der vom öftern Gebrauche gewöhnlich an den Ecken abgerundet ist, die gehörige Dichtigkeit giebt, und so das Durchfallen des Schrotes verhindert. Hierauf bringt er die Schierbütte auf folgende Weise in Ordnung: er legt zuerst an die Wände der Bütte, auf den Boden ganz herum, kleine (etwa vier Zoll hohe) Hölzer; auf diese die eben erwähnten Strohwische, und dann hierauf den sogenannten Losboden, welcher aus einzelnen, überall mit Löchern von dem Umfange eines Federkiels versehenen, Brettern besteht. Auf diese schüttet er eine hinlängliche Quantität 3 Zoll langen Häcksels von Roggen- oder Weizenstroh, und dazu noch die Hälfte des zum ganzen Gebräue nöthigen Hopfens (zu einem ganzen Gebräue Weißbier, von 24 Himten, nicht mehr als 1 Himten). Es wird sodann in das über dem Schiersteine in dem Schierbottiche befindliche Zapfenloch ein Zapfen gesteckt, dessen eines Ende oben über die Bütte hinausgehen, und dessen unteres Ende, an der Stelle, wo er über das Zapfenloch reicht, mit einem Strohkranze versehen seyn muß. Auf den Losboden wird, zur Befestigung desselben, ein Spannriegel queer über die Bretter gelegt, um das Emporheben derselben, durch das von unten aufsteigende Wasser, zu verhindern. Hierauf wird in das viereckige Loch des Losbodens, welches dem Zapfenloche gerade gegenüber ist, eine viereckige Röhre —

in der Kunstsprache der Pfaff genannt — gesteckt, und dieselbe mittelst einer oben in der Bütte befestigten, in den inwendigen Theil dieser Röhre tretenden Krampe, durch Vorsteckung eines Keils, fest gemacht. Dies sind die nöthigen Vorarbeiten.

1te Anmerk. Man brauet auch noch durch sogenannte Schierstöcke, indem man die Würze durch 4eckigte Kasten, die um und um mit Löchern versehen sind, und die in die zum Abziehen der Würze fertige Maische, in dem dazu bestimmten Bottiche, gestellt werden, laufen läßt und aus diesen dann mit Eimern herausschöpft und in die Pfanne, zum Gahrkochen, fördert. Man will behaupten, daß diese Methode dazu diene, die Würze, mit weniger Schleim gemischt, zu bekommen; allein, da die Schierbottiche die Arbeit sehr erleichtern und fördern, so habe ich auch nur die Vorrichtung bei selbigen beschrieben.

2te Anmerk. Würde die ganze Portion des zum Brauen nöthigen Hopfens auf einmal in die Bütte gegeben, so würde ihn das erste oder sogenannte Weiche-Wasser gleich gänzlich ausziehen, folglich die erste Würze alles, die letzte gar nichts davon erhalten, und mithin würde der Hauptzweck seiner Anwendung, nämlich das Brechen, d. i. Zersetzen der Würze, zu verhüten, nur halb erreicht, und bei der zweiten Würze ganz verfehlt werden, indem diese, wenn sie sich gebrochen, die erste mit verdirbt.

§. 62.

Von der Hauptarbeit, oder dem eigentlichen Brauen selbst.

Um ein gutes, kraftvolles und gesundes Bier zu erhalten, müssen folgende Umstände zusammenkommen:

1. ein aus gutem vollkommnen Korne, oder Getreide, mit der erforderlichen Vorsicht, gemachtes und gehörig geschrotenes Malz. Hiervon ist §. 57. und 58. das Nöthige gesagt worden;

2. ein so viel möglich vollkommnes Extrahiren der Zucker- Schleim- und Gummi-Theile, oder der Würze, aus dem geschrotenen Malze, oder ein vorsichtiges Einmaischen;

3. ein vollkommnes Gahrkochen und Klären der extrahirten Würze,

4. ein schnelles Abkühlen der gahren Würze, und

5. deren Stellen oder Anstellen und Fassen zur rechten Zeit.

Zu dem unter 2 beregten Behufe wird die Pfanne mit Wasser gefüllt, und dieses bis auf

15 bis 20 Grad Reaumür erhitzt. Dann wird es durch eine Rinne in die Schierbütte geleitet, bis es das darin befindliche Schrot etwa handhoch bedeckt. Sobald dies erste oder Weich-Wasser aus der Pfanne ist, wird diese gleich wieder mit Wasser gefüllt, welches bis zum wahren Kochpunkte gebracht wird. Dann wird es mittelst einer Rinne in die Schierbütte geleitet, und zwar muß dies durch den Pfaff geschehen, damit sich das Wasser langsam von untenauf in das Schrot ziehen könne, und solches gehörig aufschließe, auch nachher das Ablassen der Würze durch den Häcksel und die Löcher des Losbodens nicht verhindert werde. Unterdessen ergreifen zwei Männer die Maischhölzer, und arbeiten Schrot und Wasser tüchtig durch einander, um jedes Schrottheilchen mit letzterem in Berührung zu bringen. Während dem das Wasser auf dem Schrote steht, wird die Pfanne zum dritten Male voll Wasser gelassen, und dieses so schnell wie möglich zum Kochen gebracht. Sobald es sich dem Kochpunkt zu nähern scheint, wird der Zapfen in der Schierbütte gezogen, die Würze in den Schierstein gelassen, und aus diesem in den Abschläger geschöpft. Sodann muß das kochende Wasser wieder auf das Schrot geleitet, und die erste Würze aus dem Abschläger in die nun vom Wasser leere Pfanne gefördert werden. Das auf das Schrot gegebene kochende Wasser bleibt nun so lange darauf stehen, indem beides von

Zeit zu Zeit durchgemaischt wird, bis die erste Würze in der Pfanne gahrgekocht ist.

Zur Erreichung des unter 3 beregten Zwecks muß die extrahirte Würze eine zureichende Zeit hindurch gekocht werden.

Die längere oder kürzere Dauer dieser Periode hängt von der Qualität des Wassers ab; denn je härter es ist, desto länger muß die Würze kochen; und es giebt Brauereien, in welchen dazu eine Zeit von 7 bis 9 Stunden erforderlich ist, da hingegen bei weichem Wasser 4 bis 5 Stunden hinreichen.

Während des Kochens der Würze setzt sich der glutinöse Bestandtheil des Korns in Klumpen zusammen, und kömmt an die Oberfläche. Er wird von den Braumeistern Maut (Muth) genannt; nebst den übrigen Unreinigkeiten mit einem Grundfasse abgeschöpft, und neben der Pfanne hingeschüttet, kann aber vortheilhaft zum Schweinefutter benutzt werden.

Das Zeichen, woran man das Gahrseyn der Würze erkennt, besteht in Folgendem:

Man schöpft mit dem Grundfasse etwas Würze aus der Pfanne, tritt damit ins Licht (in die kältere Luft) und bläst den Dampf zur Seite. Sieht man nun, daß sich in der Würze kleine Punkte, die wie Körner aussehen, langsam zu Boden senken, so ist sie gahr.

Fallen jene Körnchen schnell zu Boden, so ist die Würze überkocht, und das Bier wird dünn und elend. Zeigen sich die Körner auf der Oberfläche, machen sie eine Bewegung, sich senken zu wollen, und steigen sie dann wieder in die Höhe, so muß die Würze noch eine Zeitlang kochen. Wenn der Braumeister schon aus Erfahrung weiß, wie lange die Würze kochen muß, so fängt er erst nach Verlauf der bekannten Zeit diese Probe an. Brauet er aber an einer neuen Stelle, wo ihm der nöthige Zeitraum unbekannt ist, so muß sie gleich, nachdem der Muth abgeschöpft ist, beginnen.

Um den unter 4 beregten Zweck zu erreichen, wird die gahrgekochte Würze, zum völligen Klären und schnellen Abkühlen, durch Rinnen aus der Pfanne auf das Kühlschiff — oder wo dieses fehlen sollte, in die Kühlbottiche — geleitet, und alle Luftzüge im Brauhause werden nun geöffnet, um die Würze schnell abzukühlen. Sobald die Pfanne von dieser leer ist, wird sie mit der zweiten Würze, die bis dahin in der Schierbütte gestanden, gefüllt, und die vorhin beschriebene Arbeit mit ihr wiederholt. Zugleich wird die andere Hälfte des Hopfens mit dieser Würze in die Pfanne gethan.

Es ist übrigens sehr fehlerhaft, das zweite Wasser während der ganzen Zeit des Kochens der ersten Würze, also 5, 7 oder 9 Stunden lang, auf dem Schrote stehen zu lassen, weil in diesem Falle die Hälfte des Korns zu sehr mit aufgelöst wird. Dies hat die schädliche Träbernsäure zur Folge, wovon das Bier nach wenigen Tagen schon sauer wird. Es ist daher weit vortheilhafter, wenn man, außer dem Raume für das Kühlschiff, noch Raum zu Kühlbottichen übrig hat, das zweite Wasser nur 1 bis 2 Stunden auf dem Schrote stehen zu lassen, um die Würze dann in jene Gefäße zu geben, worin sie so lange bleibt, bis die erste Würze gahr ist. Man kann sich auch hierzu, in Ermangelung der Kühlbottiche, der Stellbütte bedienen, und diese dazu mit einem Deckel versehen, damit sich die Masse nicht ganz abkühle, weil sonst nachher zu viel Feurung erforderlich ist, sie wieder ins Kochen zu bringen.

Anmerk. Wer außer dem gewöhnlichen Biere, welches aus der ersten und zweiten Würze zusammengesetzt wird, noch ein sogenanntes Dünnbier, für die Herrndienste etwa, haben will, der gieße, wenn er die zweite Würze aus der Schierbütte abgelassen, noch kaltes Wasser auf die Träbern, je nachdem er von jenem wässerigen Getränke, welches auch als Zusatz zum Speisebier benutzt werden kann, viel oder wenig haben will. Das Wasser wird dann blos, nachdem die zweite Würze aus der Pfanne geschlagen, darin bis zum

Sieden gebracht, und dann in den Kühlfässern abgekühlt.

§. 63.

Von der Nacharbeit, oder dem Anstellen und Fassen des Biers.

Um 1. das Anstellen der Würze mit Erfolg zu verrichten, muß man im Sommer die Wärme der beiden Würzen nie bis über + 16 Grad halten, im Winter hingegen nie bis unter + 12 Grad Reaum. fallen lassen, wenn man sie zum Anstellen in der Stellbütte mit einander vermischt. Man thut sehr wohl daran, den Kühlgrad der Würze so viel wie möglich herabzusetzen, und vorzüglich gilt dies von den Monaten Junius, Julius, August und September, wo jene Arbeit am besten des Nachts geschieht.

Die zweckmäßigste Temperatur zum Stellen ist im May und October die von + 12 Grad; im April und November die von + 16 Grad; im December, Januar und Februar die von + 21 Grad Reaum. Höher als von + 24 bis 25 Grad Reaum. darf sie nie seyn, wenn die Würze mit Gest angestellt werden soll. Hat sie den bestimmten Kühlpunkt erreicht, so wird sie mit guten nicht sauren Ober-Hefen vermischt, und dadurch in Gährung gesetzt. Die Menge der zu einer bestimmten Quantität Bier erforderlichen Hefen hängt von der Güte derselben ab.

Die obern Hefen, welche bei anfangender Gährung aus den Fässern steigen, — sind bei weitem die wirksamsten; und 2 Quartier davon sind besser, als 1 ganzer Eimer von den Hefen, die zuletzt aus dem Fasse kommen, und in dem Geſtroge zu Boden fallen. — Man kann sehr viel Hefen ersparen, (ja wohl gar $\frac{3}{4}$ der sonst erforderlichen) wenn man sie nicht gleich mit der ganzen Masse von Bier vermischt, sondern erst durch sie ein Kühlfaß oder einen Abschläger voll Würze in Gährung bringt, und dann dieses zu der großen Biermasse gießt. Fängt diese hierauf an, weiß zu werden und kleine Blasen zu werfen; entsteht eine fast unmerkliche Bewegung in der Flüssigkeit: so ist es Zeit

2 zum Fassen, d. h. das Bier auf die im Keller liegenden Fässer zu ziehen, welches, wie schon oben erwähnt worden, mittelst einer durch den Fußboden der Brauerei hinabgehenden Röhre geschieht. Vorher aber müssen die Fässer gehörig rein gemacht werden, und dieses darf man nie versäumen, wenn das Bier nicht einen faßfaulen Geschmack annehmen soll. Sind sie rein, mit guten Zapfen versehen, und auf die Geſtröge gelegt, so werden sie durch den Trichter mit 4 Ausgüssen mit Bier gefüllt, welches, nachdem durch einen kleinen Trichter noch gehörig nachgefüllt worden, einer ruhigen Gährung überlassen wird. Ein zu kalter Keller muß indessen, wenn

die Gährung nicht von Statten gehen will, durch einen angebrachten Ofen, oder durch ein Kohlenbecken, erwärmt werden. Aus der Gährung nun kann man es sehr deutlich erkennen, ob das Bier gerathen ist, oder nicht? Im erstern Falle rinnen die Hefen ununterbrochen aus dem Spundloche; im zweiten aber machen sie eine steigende und sinkende Bewegung, die dem Athemholen eines Menschen gleicht.

Anmerk. Herr Dorn giebt in seiner mehrberegten Anleitung zur Bierbrauerei §. 43. S. 15. folgende Tabelle über den Stellgrad der Würze an:

Ist die Temperatur der Atmosphäre	So muß die Temperatur der leichteren Würze seyn	und die der schwereren Würze
3 Grad Ream. unter o.	20 Grad über o.	14 Grad über o.
1 — — — —	19 — — —	13 — — —
1 — — über o.	16 — — —	12 — — —
3½ — — — —	14 — — —	11 — — —
6 — — — —	10 — — —	10 — — —
8½ — — — —	9½ — — —	9 — — —
10 — — — —	10 — — —	10 — — —

welche Temperatur jedesmal mit einem Thermometer mit messingener Scala bestimmt werden muß.

Ich habe meine Erfahrungen und Verfahrungs-Art bei dem Weißbiere hauptsächlich gemacht und getreulich hergesetzet; bei dem Braunbiere, von dessen Brauen Hr. Dorn wohl vorzüglich zu reden scheint, mag seine Tabelle ganz nützlich seyn, sie kann aber auch bei dem Weißbiere benutzet werden, und deshalb habe ich sie hieher gesetzet, damit ein jeder prüfen und das beste behalten könne.

§. 64.
Von der Controllirung des Braumeisters.

Wenn man nicht völlig von der Ehrlichkeit dieses Mannes überzeugt ist, so muß man gleich nach dem Fassen im Keller zusehen, wie viel Gefäße gefüllet sind, und deren Inhalt anschreiben. Man muß dabei das Visir gebrauchen, um sich zu überzeugen, ob das angegebene Maaß der Fässer richtig sey.

Ueberläßt man nachher nicht dem Braumeister die ganze Einnahme für das Bier, so muß folgende Ordnung beobachtet werden:

Der Käufer, welcher Bier holt, muß sich bey dem mit dem Geschäfte des Verkaufs Beauftragten melden; bei diesem die schuldige Bezahlung leisten, und dagegen von ihm eine Anweisung für den Braumeister empfangen, die das zu verabfolgende Bier bezeichnet.

Der Verkäufer schreibt sodann den Namen des Empfängers in sein Buch, und der Braumeister thut ein Gleiches mit dem seinigen. Wenn nun die gebraute Fässerzahl verkauft ist, muß der Braumeister sein Buch vorzeigen; dieses wird mit dem des Verkäufers verglichen, und aus beiden muß sich dann die im Keller aufgeschriebene Faßzahl wieder ergeben. Wenn bei dem Aufschreiben im Keller für das Ueberfüllen und das Vertrinken der Bierholer nichts abgesetzt worden, wird die dazu verbrauchte Quantität Bier im Verkaufs-Register fehlen; sie muß daher dem Braumeister noch zu Gute gerechnet werden.

Gewöhnlich werden in großen Wirthschaften 1 — 2 Faß Bier von jedem Gebrau gar nicht in Rechnung gebracht, sondern für die Haushaltung und zum Vertrinken der Bierholenden bestimmt, so daß, wenn z. B. 42 Faß Bier gebrauet werden, nur 40 in Einnahme kommen, die übrigen 2 aber zu jenen Zwecken verbraucht werden. Diese unordentliche Einrichtung taugt aber nichts, weil hierdurch dem Braumeister ein weites Feld zu Betrügereien eröffnet wird; und es ist demnach viel besser, alles Bier in Einnahme und Ausgabe zu bringen.

§. 65.

Nutzungs-Anschlag einer Weißbier-Brauerei, in der jedesmal 10 halbe Faß Bier gebrauet werden.

Einnahme:

	Rthl.	Gr.	Pf.
Für 10 halbe Faß Bier, à Faß 2 Thl. 18 Gr.	25	—	—
Die Träbern, die den Schweinen zu gute kommen, à Gebräue .	1	—	—
Asche	—	6	—
Summa der Einnahme v. ein. Gebr.	26	6	—

Ausgabe:

	Rthl.	Gr.	Pf.
24 Hbt. Gerste, à Hbt. im Mittelpreise 14 Gr.	9	12	—
1½ Hbt. fürs Schroten, als Metzkorn	—	21	—
1 Hbt. Hopfen	—	9	—
1 Metze Salz	—	6	—
4 Schock Reißholz, à 1½ Thlr.	6	—	—
Der Braumeister erhält außer dem Zuschlage-Gelde, wenn er die Böttcherarbeit mit besorgt, jährlich 30 Thlr. Lohn. Wird nun im Jahre 50mal gebraut, so beträgt dies auf jedes Gebrau	—	21	$4\frac{4}{5}$
Das gewöhnliche Deputat, welches der Braumeister statt der Kost erhält, besteht in:	—	—	—
Latus	16	33	$4\frac{4}{5}$

	Thlr.	Gr.	Pf.
Uebertrag:	16	33	$4\frac{4}{5}$
18 Hbt. Rocken; 9 Hbt. Gerste; 1 Hbt. Weizen; 1 Hbt. Erbsen; 1 Hbt. Oelsaat; 1 Hbt. Salz; 2 Hbt. Rüben; 1 Schock weißen Kohl; 1 mager Schwein, $\frac{3}{4}$ Jahr alt; 1 Schnittschaaf; 1 Hbt. Lein gesäet; 1 dito fürs Böttchern; 12 Pfund Butter; 6 Schock Käse, oder eine Kuh ausgefüttert.			
Alles dieses ist in Mittelpreisen werth 50 Thlr., mithin kömmt auf jedes Gebrau	1	—	—
Ein Gehülfe, der nöthig ist, wenn kein Knecht gehalten wird, erhält für jedes Gebrau . . .	—	18	—
Die Unterhaltung des Inventarii, pro Gebrau	1	—	—
Für den Transport des Malzes nach und von der Mühle . . .	—	18	—
Summa der Kosten	19	33	$4\frac{4}{5}$

Bilance:

Die Einnahme betrug	26 Thlr.	6 Gr.	— Pf.
Hiervon die Ausgabe mit	19 —	33 —	$4\frac{4}{5}$ —
Bleibt rein. Gew. v. jed. Gebr.	6 Thlr.	8 Gr.	$3\frac{1}{5}$ Pf.

Mithin ist der reine Ertrag der ganzen Brauerei im Jahre 311 Thlr. 24 Gr.

§. 66.
Etwas über das Braunbierbrauen.

Das Braunbier wird von sehr verschiedener Güte und Stärke, bald von lauter Weizen und Hopfen, bald von Weizen und Gerste mit Hopfen, bald von Gerste und Hopfen, auch wohl andern Zusätzen, wie wir oben gesehen, gebrauet und es lassen sich deshalb darüber keine ganz genaue Vorschriften geben. Das Brauen selbst geschieht ganz auf die bei dem Weißbier angegebene Art, nur mit folgenden Abweichungen:

1. Werden jedesmal zu 20 Hbt. Darr-Malz-Schrot, die zum Brauen dieses Biers bestimmt sind, 2 Hbt. Brandmalz genommen, wodurch das Bier hinlänglich braun gefärbt wird.

2. Will man dem Biere eine Bitterkeit geben, so sind 3 oder 4 Hbt. Hopfen erforderlich, je nachdem es mehr oder minder bitter seyn soll.

3. Sowohl die erste als die zweite Würze werden

beide eine Stunde länger, als die des Weißbieres, gekocht.

Wenn die Gährung der gehopften und mit der Hefe gestellten Würze ihren Anfang nimmt, so bildet sich ein weißer Streif auf der gährenden Masse, der sich am Rande des Gährungsbottiches ansetzt, das heißt: die Würze setzt Rahm an, und dieses ist der erste Erfolg der Gährung.

Breitet sich hingegen der weiße Streif mehr aus, und überziehet derselbe nach und nach die ganze Oberfläche der gährenden Würze, so heißt dieses: die Würze rahmt, und dieses ist die zweite Periode der Fermentation.

Wenn hingegen sich auf der Oberfläche der gährenden Masse eine dünne Rinde erzeugt, die sich mehr gegen die Mitte des Gährungsbottichs hinneigt, so sagt man: die Würze tritt ab, welches die dritte Periode der Fermentation ist.

Wenn endlich die gährende Masse sich nach der Mitte zu bergigt erhebt, so sagt man: die Würze ziehet sich, und dieses ist die vollkommenste und letzte Periode der Fermentation, welche beendigt ist, wenn die Erhebung nicht mehr zunimmt, und die Masse sich zu senken anfängt.

Die Dauer der Zeit, in welcher die vier Perioden der Gährung statt finden, ist nicht immer dieselbe: denn sie hängt so wohl von der Güte der gährenden Masse, als von der Güte der Hefe und von der Temperatur der Atmosphäre ab. Nachdem die Temperatur des Gährungsraumes höher oder niedriger, so wie die gährende Masse größer oder geringer ist, kann die Gährung selbst bald in 12, bald in 24, bald in 30 Stunden beendigt werden.

Ist die Gährung so weit vollendet; so ist die Würze in Bier umgewandelt, welches nun auf die dazu bestimmten Fässer abgezogen wird, um solches auf denselben vollends klar gähren zu lassen, damit diejenigen Theile der Hefe, die ihm noch mechanisch beigemengt waren, vollends ausgeschieden werden.

Bei der Fermentation des Bieres auf den Fässern unterscheidet man eine zweifache Art der Gährung, nämlich: eine über sich gehende, und eine unter sich gehende. Bei der ersten steigt die Hefe zum Spundloch des Fasses heraus, und wird in untergesetzten Molden oder Wannen gesammelt, so wie man das gährende Bier von Zeit zu Zeit nachfüllet. Bei der zweiten in verschlossenen Fässern, senkt sich die Hefe zu Boden, und das klare Bier bleibt über derselben stehen. Die erstere Verfahrungsart verdient in jedem Betracht den Vorzug vor der letzteren.

Anmerk. Das Brandmalz zum Färben des Bieres kann man auf folgende Art bereiten: Man legt einige Hbt. recht trockenes Malz so dünn wie möglich auf den Boden der erhitzten Pfanne, und rührt das Malz von Zeit zu Zeit um, bis alles dunkelbraun ist. Je mehr es diese Farbe erhält, desto brauner wird das Bier, zu dem man es gebraucht, und 1 Hbt. davon ist dann auf ein Gebrau von 23 bis 24 Hbt. hinreichend. Da aber bei jener Verfahrungsart die Pfanne sehr leidet, so wählt man lieber eine andere Methode.

Man schüttet nämlich 6 bis 8 Hbt. von dem ebengekeimten noch nassem Malze in einer Ecke auf die Malzdiele, und tritt und schlägt es daselbst stark an. Hierdurch erhitzt sich die Masse sehr stark; die Keimkraft wird getödtet, und die Körner brennen sich in sich selbst ganz dunkelbraun. Nachdem sie diese Farbe erhalten, reißt man den Haufen auseinander, und trocknet das Malz, von dem nun 1 Hbt. das ganze Gebrau dunkelbraun färbt.

§. 67.

Von der Aufbewahrung und Benutzung der Hefen.

Bei jedem vollendeten Gebrau giebt es zweierlei, ja dreierlei Art von Hefen, nämlich

a. die Oberhefen, welche oben aus dem Fasse,

zum Spundloche herauskommen und in dem unter den gährenden Fässern befindlichen Troge aufgefangen werden.

b. Die Unterhefen, oder die Bärme, welche sich unten im Fasse ansetzen und viel Schleim enthalten.

c. Die schwarzen Hefen, oder sogenannte schwarze Gahre, welche zuletzt aus dem Spundloche hervorsteigt und viel klebrigte Theile in sich enthält.

Die Oberhefen, als welche vorzüglich zum Brauen und zum Backen des Weißbrodts tauglich sind, hebt man am besten in verschlossenen Gefäßen, an einem kühlen Orte, auf, um sie gegen das nachtheilige Sauerwerden möglichst zu schützen.

Wer jedoch Brauerei an einem Orte treibt, der von andern Brauereien weit entfernt liegt, der wird wohl thun, sich, für den Nothfall, auf folgende Weise eine Quantität Geste sicher aufzubewahren.

Man nimmt von recht guten Oberhefen eine angemessene Quantität, legt darein einen von reinem Roggenstroh gemachten Kranz und läßt diesen sich ganz davon vollsaugen; nimmt dann aber solchen heraus und trocknet ihn an der Luft, so schnell wie möglich, und hebt ihn dann an einem kühlen und trocknen Orte auf. Fehlt es nun an guter Geste, oder gutem Oberhefen, so weicht man diesen Kranz in warmen Wasser ein und zieht auf solche Art die Hefen heraus. — Da man hiedurch aber keine große Quantität Hefen erhält, so muß man damit eine mäßige, angemessene Quantität der Würze anstellen, und diese sodann zum Anstellen des ganzen Gebraues nehmen.

Die Benutzung der überflüssigen Hefen geschieht dadurch, daß man sie an die Brauer und Bäcker verkauft, die der schwarzen Gahre aber dadurch, daß man sie den Schustern überläßt.

Anmerk. Es ist ein schändlicher Kunstgriff gewinnsüchtiger Brauer und Braumeister, auf die hohen Festtage, wo viel Kuchen gebacken wird, das Bier zu warm anzustellen, um dadurch desto mehr Hefen zum Verkaufe zu erhalten, wodurch denn das Bier schwach und matt und zum baldigen Sauerwerden disponirt wird.

Ein eben so schändlicher Kunstgriff ist der, die Hefen mit dickem Biere zu vermischen, um dadurch deren Masse zu vermehren, wodurch denn nothwendig die Qualität derselben verringert wird. Beide Kunstgriffe sind zur Nachahmung nicht zu empfehlen, auch von einer guten Polizei nicht zu dulden.

§. 68.
Von der Aufbewahrung und Benutzung des Biers.

Das ungehopfte Weißbier kann, bei aller Vorsicht, nicht lange aufbewahrt werden und das nur wenig gehopfte Bier eben so wenig. Man thut also wohl, solches immer von guter Qualität zu brauen, damit es schnellen Abgang finde; wenn man nicht etwa eine Anzahl sogenannter Zwang-Krüge hat, welche das Bier zu nehmen verbunden, eben dadurch aber meistens genug geplagt sind.

Das gehopfte schwache Braunbier läßt sich schon etwas länger aufbewahren, wenn man es außer den heißen Sommer-Monaten, gut verspundet in kühlen Kellern hinlagert. Das stärkere Braunbier, so wie das starke und gehopfte Weißbier können aber sehr gut lange aufbewahrt werden und bekommen daher den Namen Lagerbier.

Alle Biere, welche gelagert werden sollen, müssen eine bei weitem stärkere Konsistenz haben, als diejenigen Biere, welche schnell abgesetzet werden sollen, weil sie sonst gar leicht in Säure übergehen. Am allerbesten passen sich aber die starken Braunbiere zum Lagern. Daher muß zu dem Lagerbiere entweder sogleich eine sehr starke Würze gebrauet, oder sie muß, wenn sie nicht Konsistenz genug hat, durch das Abdunsten des überflüssigen Wassers, bis auf einen zureichenden Grad verdichtet und gut gehopft werden. Dann können sie Jahre lang lagern und werden durch das Lagern immer klarer und schöner, weil sie ihre geistige Fermentation oder Gährung noch immer fortsetzen, also immer geistiger werden.

Damit nun aber die Fässer, worauf das Bier gelagert werden soll, vor dem Eindringen der Luft desto mehr gesichert werden, weil die Luftsäure sonst bald das Sauerwerden des Biers veranlassen würde, müssen solche inwendig ausgepicht werden; denn das Pech dient nicht allein dazu, alle Poren und Zwischen-Räume der Faßtauben zu verschließen, sondern auch, um, als ein bekanntlich schlechter Wärmeleiter, die äußere Wärme abzuhalten.

Zur Sicherung gegen die Wärme müssen aber auch die Fässer in trockne und kühle Keller gelegt und nachdem das Bier zeitig geworden, völlig angefüllt und dann vest verspundet werden, damit jeder Zutritt der atmosphärischen Luft nach Möglichkeit abgehalten werde; auch müssen die Fässer wenigstens alle 14 Tage nachgesehen, und mit gleich starkem und klarem Biere wieder voll gefüllet werden, um jeden leeren Raum zu verhüten.

§. 69.
Von der Benutzung des Abfalls, oder des sogenannten Muths und der Träbern.

Der Abfall bei dem Biere giebt ein gutes Viehfutter. Der Muth, der gemeiniglich unbenutzt weggeworfen wird, kann sehr gut als Schweinefutter benutzet werden. Die Trebern aber, die man an einigen Orten auch den Sey nennt, geben für alle Sorten des Viehes ein gutes Futter, man pflegt sie aber bei großen Oekonomien, wo starke Schweinezucht getrieben wird, hauptsächlich als Schweinefutter zu benutzen und schaft sie zu dem Ende in das Schweinehaus. Wie sie hier benutzet werden, ist im ersten Theile bei dem, was über die Schweine-Zucht gesagt ist, mit vorgetragen, weshalb ich mit Grunde darauf hinweisen zu können glaube.

Dritter Titel.
Vom Bieressig-Brauen.

§. 70.
Einleitung.

Für denjenigen, welcher in einer Gegend wohnt, wo man an Weißbiere gewöhnt ist, und welcher auf keinen sichern Absatz rechnen kann, oder dessen Oekonomie in einer Gegend liegt, wo der gemeine Mann zu arm ist, um Bier zu trinken und der Ackermann auch wohl das Recht oder die Befugniß hat, sich seinen Haustrunk selbst zu bereiten, kann es oft vortheilhafter seyn, eine Bieressig-Brauerei, als eine Bierbrauerei anzulegen, weil der Arme, der Regel nach, den Essig weniger in seinem Haushalte entbehren kann, als das Bier, und weil ohnehin der Essig sich leichter und länger aufbewahren läßt, als das Bier. Ich halte deshalb für Pflicht, noch mit wenigem etwas über die Bieressig-Brauerei hinzuzufügen.

§. 71.
Von der Manipulation des Bieressig-Brauens.

Was bei der Bierbrauerei

1. über die Anlegung eines guten Brauhauses und die darin erforderlichen Geräthschaften,

2. über die Auswahl und den Ankauf des zum Malze bestimmten Getreides;

3. über die vorsichtige Zubereitung des Malzes selbst

4. über das Schroten des Malzes,

5. über die Vor- und Haupt-Arbeit bei dem Brauen selbst gesagt worden ist, findet alles auch bei der Bieressig-Brauerei seine Anwendung. Nur bei dem Anstellen und der fernern Behandlung der Würze herrscht eine Verschiedenheit und daher ist es nur nöthig, hievon mit wenigem zu handeln.

§. 72.

Vom Abkühlen und Anstellen der Bieressig-Würze.

Bei dem Abkühlen und Anstellen der Bieressig-Würze, welches übrigens mit dem beim Biere einerlei ist, kommt es vorzüglich darauf an, ob jemand von seinem Gebrau blos einerlei Essig, oder ob er sogenannten doppelten und einfachen Essig zu brauen gedenkt. Im ersten Falle wird die gar gekochte erste und zweite Würze mit einander und zwar am besten auf ein Kühlschiff, zum schnellen Abkühlen, geschafft. Will aber jemand doppelten und einfachen Essig brauen, so muß er von der ersten Würze $\frac{2}{3}$ zurückbehalten, solche allein kochen, abkühlen und gähren lassen, das übrige $\frac{1}{3}$ aber unter die zweite Würze geben und damit kochen u. s. w.

Wie viel er von jeder Sorte brauen könne, kommt auf die Quantität und Qualität des Malz = Schrotes an. Damit man aber wissen könne, wie viele Faß Würze man etwa habe, macht man sich Zeichen an dem Kühl= oder auch an dem Stellbottiche, woran man erkennet, wie viel Faß Würze man habe. Fehlt an der bestimmten Quantität etwas, so schlägt man noch eine hinreichende Quantität siedenden Wassers über die Trähern, läßt solche etwa 1 Stunde lang darüber stehen und gießt dann davon so viel zu den beiden Sorten der Würze, bis man von jeder genug hat. Was von dem schnellen Abkühlen der Würze bei dem Bierbrauen, so wie von dem Anstellungs = Grade u. s. w. gesagt ist, gilt auch hier.

1te Anmerk. Beim Abkühlen der Würze ist vorzüglich dahin zu sehen, daß die Sonne nicht in die Kühlgefäße scheine; indem sonst die Würze leicht säuerlich und der Essig aus solcher nicht gut wird, weil sie hier blos durch das Anstellen in die weinigte Gährung gebracht werden soll. Bei dem Abzapfen ist aber darauf zu achten, daß die Würze völlig klar und helle ablaufe. Da sie nun Anfangs gern etwas trübe abzulaufen pflegt, so muß man sie nicht gleich zu stark laufen lassen und das abgelaufene Trübe wieder in den Bottig schütten, weil sonst allzu viel Hefen abgährt, die Würze dadurch schwach und überdem leicht träbernsauer wird.

2te Anmerk. Wenn man den 3ten Uebergusß des Malzschrotes nicht zu der übrigen Würze zuzusetzen nöthig hat, so kann man von diesem Nachgange recht gut ein Getränk für das Gesinde und arme Leute verfertigen.

3te Anmerk. Von 3 Berl. Scheffel Malz, es sey nun Weizen- oder Gersten-Malz, Luft- oder Darr-Malz, oder von beiden zusammen, kann man 4 Faß gemeinen Essig brauen. Gemeiniglich nimmt man Weizen- und Gersten-Malz zusammen, und zwar bald von beidem gleichviel, bald $\frac{2}{3}$ Weizen- und $\frac{1}{3}$ Gersten-Malz, bald minder, bald mehr Luft- und Darr-Malz, je nachdem die Gegend mehr weißen, oder mehr braunen Essig liebt, indem das Darr-Malz die Bräune vermehrt. Das beste und gewöhnlichste Verhältniß ist, daß man zwei Theile Gersten- und ein Theil Weizen-Malz und darunter wieder zwei Theile Luft- und 1 Theil Darr-Malz nimmt.

4te Anmerk. Bei dem Anstellen, welches mit einer hinlänglichen Menge Bierhefen geschieht, wenn der gehörige Wärme-Grad da ist, pflegen einige der, wie bei dem Biere vorabgestellten Würze, bevor sie solche gähren lassen, etwa 1 Loth feingepulverten Sieben-Zeiten-Krauts (foen. grec.) auch Bockshorn, Kühhorn, feine Grete, feine Greitje u. s. w. genannt, hinzuzusetzen, alles wohl durch einander zu rühren und dann zuzusehen, ob diese vorabgestellte Würze bald zum Durchbruche, wie es in der Kunstsprache heißt, komme. Geschieht dies etwa in $\frac{1}{4}$ Stunde, so zeigt dies, daß die Hefen gut sind, sonst muß davon noch zugesetzet werden. Mit dieser vorabgestellten Masse wird dann in dem Stellbottige die ganze Masse angestellt und, um die Gährung zu fördern, bei kalter Witterung warm mit Tüchern zugedeckt.

§. 73.

Von der ferneren Behandlung der Würze und deren Hinschaffung nach und Behandlung in der Essigkammer.

Die Essig-Gährung ist nichts anders, als eine Fortsetzung oder Erneuerung der schon vollendeten Weingährung. Sie wird theils durch einen höheren Grad der Wärme und theils durch den Zusatz verschiedener die Säure vermehrenden Mittel oder Materien (die Essig-Mutter genannt) befördert. Wenn demnach die Würze zu einem solchen Grade der Gährung gediehen ist, daß ein hoher Gäscht (Geste) auf solcher steht, schöpft man die Hefen mit einer Schaumkelle, einem Schaumlöffel, oder einem Durchschlage vorsichtig ab und sammelt sie in ein Gefäß. Dann deckt man die Würze wieder zu und läßt die Gährung vollends endigen, welches etwa in 12 bis 16 Stunden, nach der Verschiedenheit der Jahrszeiten, geschieht. Zeigt sich, daß die Gährung ganz vollendet sey, nimmt man die Oberhefen, welche noch da sind, sämmtlich so rein, als es immer geschehen kann, ab, und läßt dann das Gut noch 1 bis 2 Stunden zugedeckt stille stehen, damit sich alles Unreine und Trübe völlig zu Boden setze und die weinigte Flüssigkeit möglichst hell werde.

Während dies geschieht, muß die Essigstube oder Essigkammer schon geheitzet seyn und es müssen darin die Säurungsgefäße schon gehörig zubereitet und parat stehen.

Wie die Essigkammer eingerichtet und die Essigmutter zubereitet, welcher Grad von Wärme darin unterhalten und wie jedes der Säurungs-Gefäße behandelt werden müsse, ist bei der Cideressig-Verfertigung im 48sten und 49sten §. deutlich beschrieben, und alles dort darüber Gesagte paßt auch auf die zum Bieressige bestimmte Essigkammer, Essigmutter u. s. w. Bei dem Bieressige ist nun aber noch die Vorsicht nöthig, daß man, wenn die Würze sämmtlich in die Säuerungs-Gefäße geschaft ist, solche wohl zugedeckt und die Würze 12 bis 15 Stunden ganz ruhig stehen läßt, dann aber nachsieht, ob noch etwa einiger Hefen in die Höhe getreten sey und diesen ganz rein abnimmt, dann aber das Gefäß gehörig wieder zudeckt und dafür sorgt, daß es nicht erschüttert und nur in den erforderlichen Grad der Wärme versetzet werde. Dies muß so schnell als möglich, jedoch mit Vorsicht und nicht durch auf einmal gar zu stark vermehrte Hitze geschehen. Am besten verfährt man, wenn man etwa die ersten 24 Stunden hindurch den Deckel des Gefäßes einigermaaßen luftet und von Zeit zu Zeit untersucht, ob man an der hineingehaltenen Hand eine merkliche warme Luft verspüre. Ist dies nun der Fall, so wird das Säuerungsgefäß genau zugemacht und mit Tüchern zugedeckt, damit es so wenig, als möglich, ausdünsten möge.

Ob die Flüssigkeit in diesem Gefäße den gehörigen Wärme = Grad überall erlangt und die Essig = oder saure Gährung schon völlig angefangen habe, dies erfährt man am besten daran, wenn das Säurungs = Gefäß auch auf der von dem Ofen abgekehrten Seite von außen warm anzufühlen und der Deckel auf selbigem unter den Tüchern überall warm ist.

1te Anmerk. Man hat der Essig = Fermente, oder Essigmütter verschiedene angegeben, die man zum Theile in Krünitz ök. Encyklopädie unter dem Titel Essig angegeben findet. Ich habe die von mir angegebene sehr gut gefunden.

Bei der Zubereitung ganz neuer Säuerungsgefäße thut man wohl, 2 bis 3 Berliner Kannen, oder 3 bis 4 Braunschw. Quartiere guten Weinessig in einem neuen Topfe mit ½ Pfd. weißen Weinsteins zu kochen und bis auf ⅔ des Ganzen einsieden zu lassen, mit dieser siedendheißen Mischung aber das Säuerungs-Gefäß um und um oder überall inwendig zu befeuchten, es dann vest zuzudecken und nun die Mischung noch etwa 1 Stunde darin ruhig stehen und ausdunsten zu lassen. Dann wird das Gefäß von der Säure überall durchdrungen. Dann kann man die abgegohrne Würze sogleich hineinschlagen und die Essigmutter hinzusetzen; — die nämliche Operation wird aber auch bei schon gebrauchten Säuerungs-Gefäßen mit Nutzen wiederholt, wenn man sie von neuem füllt. Nur kann man dann schon mit guten Bieressige das Ausschwenken verrichten.

2te Anmerk. Da die zum Bieressige bestimmte Würze schon die Disposition zur sauren Gährung mit sich bringt, so wird sie auf einem gut vorbereiteten und mit der Essigmutter versehenen Säuerungs-Gefäße in 12 bis 14 Tagen, bei gehörig unterhaltener Wärme, schon zeitig und zu gutem Essig, den man dann abzieht und auf die Lagerungsgefäße bringt. Auf diesen bekommt er erst die rechte Güte und wird immer besser, je länger er liegt, wofern er nur vor dem Zutritt der freien Luft vorsichtig bewahrt wird.

3te Anmerk. Was die Farbe des Essigs betrift, so ist man in einigen Gegenden mehr an den braunen, in andern mehr an den weißen Essig gewohnt. Ein Oekonom muß sich nach diesem Geschmacke des Publikums richten, wenn er sich nicht selbst den Absatz seines Essigs erschweren will.

4te Anmerk. Den schönsten Bieressig erlangt man, wenn man ihn mit concentrirtem Essig zu verstärken weiß. Den concentrirten Essig erhält man aber auf die einfachste Weise, wenn man eine angemessene Quantität Weinessig, im Winter, bei heftiger Kälte, der freien Luft in einem offenen Gefäße aussetzet, und sobald sich eine Menge Eis darin erzeugt hat, den übrigen flüssigen Theil in ein anderes offenes Gefäß gießt und der Kälte so lange aussetzet, als noch etwas darin gefrieren will. Der beste und reinste Theil des Essigs tritt nun nach der Mitte und dies ist der concentrirte Essig, den man nun, nach zerschlagener Eisrinde, hervorholt und aufbewahrt.

5te Anmerk. Wer seinem Bieressige eine besondere Farbe geben oder ihn über allerlei Kräuter abziehen will, den verweise ich auf Krünitz ök. Encycl. unter den Art. Essig. S. 638. u. f., so wie auf die dort befindlichen Hinweisungen.

§. 74.
Von der Aufbewahrung des zeitigen Essigs und der Verbesserung des verdorbenen.

Um den Essig gut und sicher aufzubewahren und ihn dadurch in seiner Qualität zu verbessern, muß man vor allen Dingen für gute dichte und von innen und außen wohl gereinigte Lagerfässer sorgen. Man spület und brühet sie zu dem Ende mit siedendem Essig aus und trocknet sie außerhalb sauber ab. Sind dieselben genau gefüllet, so müssen sie vest verspundet und so hingelegt werden, daß der Spund auf eine Seite zu liegen komme, damit der vor demselben liegende Essig den Zutritt der äußern Luft und eben dadurch die Erzeugung des Kahms möglichst verhindere, welche dem Essige höchst nachtheilig ist.

Der Aufbewahrungs-Ort muß kühl und frisch und dabei trocken und sehr reinlich seyn, so wird man, bei der nöthigen Vorsicht, den Essig lange aufbewahren können. Hat man von einem Aufbewahrungs-Gefäße etwas abgezogen, oder es ist etwa was davon geronnen, oder eingezehrt, so muß man solches ganz wieder vollfüllen, es wieder fest verspunden und auf die Seite legen.

Dies ist das einzige einfachste und beste Mittel, das Verderben des Essigs zu verhüten; alle übrigen gegen die Entstehung und zur Vertreibung des Kahms angegebenen Mittel sind theils unzulänglich und theils wohl gar schädlich.

Sollte bei aller Vorsicht doch der Essig auf einem der Lagerungs-Gefäße matt und abgeschmackt oder kahmigt geworden seyn, so hängt man in den erstern ein Säckchen mit ein wenig Weinhefen, in den andern aber legt man wohl etwas Knoblauch-Saamen, oder etliche Stückchen Gerstenbrodt hinein. Besser ist es immer, das Verderben, durch angewandte Vorsicht zu verhüten.

Anmerk. Die Benutzung der Hefen und des Abfalls, oder der Trābern, ist die nämliche wie bei den Bierhefen und Trābern, wovon im §. 66. und 68. das nöthige gesagt ist. Es würde also überflüssig seyn, darüber hier noch viel zu sagen.

FSC
www.fsc.org
MIX
Papier | Fördert
gute Waldnutzung
FSC® C083411

Zeitfracht Medien GmbH
Ferdinand-Jühlke-Straße 7
99095 Erfurt, Deutschland
produktsicherheit@kolibri360.de